国家自然科学基金项目（52204209、52374195）
河南省杰出青年科学基金项目（242300421012）
河南省高校科技创新团队支持计划项目（24IRTSTHN013）
中国博士后科学基金项目（2023M730986）
河南省科技攻关项目（242102321106）
安全工程国家级实验教学示范中心（河南理工大学）

注超临界 CO_2 煤体理化结构响应及其作用机理

苏二磊　陈向军／著

中国矿业大学出版社

· 徐州 ·

内 容 提 要

本书主要围绕注 CO_2 强化深部煤层气开采技术,介绍了超临界 CO_2 作用下烟煤大分子结构演化特征、超临界 CO_2 饱和前后煤体孔裂隙和分形维数的演化规律、超临界 CO_2 作用下煤体力学性质响应及劣化规律、超临界 CO_2 对煤体渗透率的影响规律、注超临界 CO_2 煤体理化结构响应机理等方面的研究成果。全书力求论述过程简单明了,内容充实新颖,结构清晰,分析深入。

本书适宜作为煤层气工程、安全工程、矿业工程等相关领域研究人员的参考书。

图书在版编目(C I P)数据

注超临界 CO_2 煤体理化结构响应及其作用机理 / 苏二磊,陈向军著. — 徐州:中国矿业大学出版社,2024.7. — ISBN 978 - 7 - 5646 - 6350 - 6

Ⅰ. P618.110.8

中国国家版本馆 CIP 数据核字第 20246GQ011 号

书　　名	注超临界 CO_2 煤体理化结构响应及其作用机理
著　　者	苏二磊　陈向军
责任编辑	王美柱
出版发行	中国矿业大学出版社有限责任公司
	(江苏省徐州市解放南路　邮编 221008)
营销热线	(0516)83885370　83884103
出版服务	(0516)83995789　83884920
网　　址	http://www.cumtp.com　E-mail:cumtpvip@cumtp.com
印　　刷	江苏淮阴新华印务有限公司
开　　本	787 mm×1092 mm　1/16　印张 8　字数 205 千字
版次印次	2024 年 7 月第 1 版　2024 年 7 月第 1 次印刷
定　　价	35.00 元

(图书出现印装质量问题,本社负责调换)

前　　言

煤层气(煤矿瓦斯)是一种在成煤过程中所生成的气体,主要成分为甲烷,属于非常规天然气范畴。伴随着我国经济的飞速发展,能源的需求量也逐步增大,持续稳定的能源供给是保障我国经济快速稳定发展的关键。而煤层气作为一种高效清洁能源,预计在未来我国的能源供给中扮演更加重要的角色。我国煤层气资源丰富,埋深为 1 000～2 000 m 的深部煤层气资源量达 1.872×10^{13} m^3。然而,由于埋深的增加,深部煤层的地质结构复杂、渗透率低、气体运移困难,从而限制了煤层气的高效开发与利用。

利用注入 CO_2 强化深部煤层气开采技术不仅能够有效地提高煤层气采收率,而且能够地质封存温室气体 CO_2,因此该技术被认为是实现"碳中和"的有效措施之一。根据我国第四轮不同埋深煤层气资源的评价结果,烟煤储层煤层气资源量占煤层气总资源量的 31.12%,其储量可观、开发前景巨大。然而,目前我国开展的四次注 CO_2 强化深部煤层气开采先导性试验均是针对无烟煤储层的。依据地温梯度和压力梯度推算,当煤储层埋深超过 800 m 后,其温度和压力将超过 CO_2 的临界值。此时,高压注入深部煤层的 CO_2 将以超临界态赋存,而超临界 CO_2 与次临界态相比,许多物理性质都发生了显著变化,其与煤体的相互作用将会更加复杂。另外,煤体对超临界 CO_2 的吸附能力强于气态CO_2,煤层气开采时可带来更大的环境效益。

本书由河南理工大学苏二磊和陈向军撰写,共分为 5 章,第 1 章主要介绍了超临界 CO_2 作用下烟煤大分子结构演化特征;第 2 章通过压汞法、低温氮气吸附法和低场核磁共振法测试技术,分析了超临界 CO_2 饱和前后煤体孔裂隙和分形维数的演化规律;第 3 章介绍了不同相态和不同时间的超临界 CO_2 作用下烟煤力学性质响应及劣化规律;第 4 章介绍了注入压力、超临界 CO_2 饱和、CO_2 相态和围压对于煤体渗透率的影响;第 5 章介绍了煤体孔裂隙分布对于裂纹扩展及力学性能劣化的影响机理,论述了煤体微观孔隙形态对流体运移的影响机制。

作者多年来的科研工作得到了梁运培教授、程远平教授、邹全乐副教授、李伟教授、王兆丰研究员等的指导和帮助,衷心地向他们表示感谢! 感谢魏佳琪、朱新宇等硕士研究生的贡献!

由于作者水平所限、理论研究不断发展,书中不足之处在所难免,敬请广大读者不吝批评指正!

著 者
2024 年 5 月于河南理工大学

目　录

1　超临界 CO₂ 作用下烟煤大分子结构演化特征

　　一般认为煤体是由不同分子量、分子结构相似但不完全相同的"相似化合物"所组成的，其具有高分子聚合物的结构特征[1]。在一定程度上，煤体内部的芳香核、烷基侧链、官能团、桥键、低分子化合物等交错排列方式决定了煤体的化学结构，同时也影响着煤体孔隙形态分布特征，为煤储层中气体分子的赋存运移提供了空间[2-4]。目前适合 CO_2 封存的煤储层深度大部分超过了 800 m，其温度和压力均超过 CO_2 的临界值（临界温度 31.05 ℃，临界压力 7.38 MPa）。而超临界 CO_2 是一种良好的有机溶剂，可对煤体的大分子结构产生不可逆转的改变[5-6]。目前的研究多集中于超临界 CO_2 注入后煤体孔隙形态的改变，对于大分子结构演化的研究较少，因而系统研究超临界 CO_2 饱和对煤的大分子形态结构的影响是非常有必要的。

　　目前，X 射线衍射实验已经被证明是一种有效测量煤体微晶结构的手段[7]；对于煤体大分子主链上的微晶结构碳通常采用拉曼光谱进行研究[8]；煤样表面有机化合物侧链上的分子官能团则通常使用傅立叶红外光谱进行表征[9-10]。因此，本节开展了超临界 CO_2 饱和前后煤样的 X 射线衍射实验、拉曼光谱实验和傅立叶红外光谱实验，以探究超临界 CO_2 对于煤体大分子结构的影响，并为后续章节的分析提供研究基础。

1.1　煤样采集与基础物性参数测定

1.1.1　煤样采集

　　本书所使用的煤样取自神东矿区和阜新矿区。神东矿区位于鄂尔多斯盆地，阜新矿区位于阜新盆地，这两个盆地是我国低变质程度烟煤的主产地。

　　取样过程如下：首先，在井下新暴露的掘进工作面的煤壁处，挑选尺寸较大、表面完整的大块煤样，大块煤样的长、宽、高均大于 30 cm。其次，为了防止运输过程中的振动对煤样产生损坏，采用防振膜包裹煤样，并使用泡沫隔离箱将其运送至重庆大学煤矿灾害动力学与控制全国重点实验室。随后，在煤矿灾害动力学与控制全国重点实验室的煤岩试件加工室对煤样进行加工，所使用的加工设备主要包括取心机、切割机、磨床、煤样粉碎机和煤样筛等仪器。最后根据实验要求制作而成不同尺寸的煤样：工业分析实验（0.074～0.2 mm）、元素分析实验（0.2～0.25 mm）、X 射线衍射实验（小于 0.074 mm）、拉曼光谱实验（小于 0.074 mm）、低温氮气吸附实验（0.2～0.25 mm）、压汞实验（1～3 mm）、低场核磁共振实验（φ50 mm×100 mm）、力学实验（φ50 mm×100 mm）和渗流实验（φ50 mm×100 mm）。制备完成的部分颗粒煤样和圆柱体煤样照片分别如图 1-1 和图 1-2 所示。

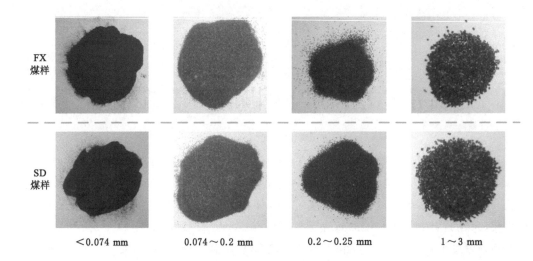

FX
煤样

SD
煤样

| <0.074 mm | 0.074~0.2 mm | 0.2~0.25 mm | 1~3 mm |

图 1-1　制备完成的部分颗粒煤样照片

(a)　　　　　　　　　　　　　　　　　(b)

图 1-2　制备完成的部分圆柱体煤样照片

1.1.2　工业分析

　　煤样中的水分、灰分、挥发分和固定碳通常采用煤的工业分析实验测定,该实验是分析煤质特性的重要手段。本节开展 SD 煤样和 FX 煤样的工业分析实验,实验过程遵循国标《煤的工业分析方法》(GB/T 212—2008),所使用的仪器为长沙开元仪器有限公司生产的 5E-MAG6600 型全自动工业分析仪。该仪器能够一次测量多个煤样,并且具有测试速度快、成本低、精度高、操作简便的特点。所使用的煤样粒径为 0.074~0.2 mm。SD 煤样和 FX 煤样的工业分析实验结果如表 1-1 所示。

表 1-1　煤样的工业分析实验结果

煤样名称	工业分析结果/%			
	M_{ad}	A_{ad}	V_{ad}	FC_{ad}
神东煤样(SD 煤样)	7.32	22.82	22.25	47.61
阜新煤样(FX 煤样)	8.43	8.98	30.14	52.45

注:M_{ad} 为水分;A_{ad} 为灰分;V_{ad} 为挥发分;FC_{ad} 为固定碳。下角标"ad"代表空气干燥基。

1.1.3　元素分析

煤的元素分析是对煤中的元素含量(主要为碳、氢、氮和硫四种元素)进行测量的基本方法。本节开展 SD 煤样和 FX 煤样的元素分析实验,实验过程遵循国标《煤中碳和氢的测定方法》(GB/T 476—2008),使用的仪器为 Unicube 型元素分析仪,其实物图如图 1-3 所示。实验所使用煤样粒径为 0.2～0.25 mm,每次测试大约需要 5 mg 煤样。SD 煤样和 FX 煤样的元素分析实验结果如表 1-2 所示。

图 1-3　Unicube 型元素分析仪

表 1-2　煤样的元素分析实验结果

煤样名称	元素分析结果/%			
	C 含量	H 含量	N 含量	S 含量
神东煤样(SD 煤样)	73.070	4.828	0.930	0.157
阜新煤样(FX 煤样)	63.440	4.198	0.730	0.163

1.2　超临界 CO_2 作用下煤晶体形态结构演化规律

1.2.1　实验仪器及研究方案

本节实验使用高压地质环境模拟系统对 SD 煤样和 FX 煤样进行超临界 CO_2 饱和,并开展了 X 射线衍射实验和拉曼光谱实验,以分析超临界 CO_2 饱和对于煤晶体形态结构的影响。具体实验过程如下:根据实验测试仪器对样品的要求,先将现场取回的煤样使用煤岩粉碎机进行粉碎,使用玛瑙研体进一步粉碎、研磨并充分混合均匀,过 200 目筛。然后,将筛分过的 SD 煤样和 FX 煤样各分为四份,两份进行超临界 CO_2 饱和,另外两份作为空白对照组。最后,将上述煤样送至重庆大学分析测试中心,开展 X 射线衍射实验和拉曼光谱实验。

煤的超临界 CO_2 饱和采用高压地质环境模拟系统,其实物图和原理图如图 1-4 和图 1-5 所示。该系统主要包括高压注入系统、超临界 CO_2 饱和系统和抽真空系统三个部分。其中,高压注入系统所使用的仪器为 ISCO 260D 型高精度高压柱塞泵。ISCO 260D 型柱塞泵的最大工作压力和注入速度分别为 7 500 psi(1 psi=6 894.757 Pa)和 107 mL/min,其主要技术参数如表 1-3 所示。超临界 CO_2 饱和系统由耐腐蚀高压煤样罐和恒温水浴箱组成。恒温水浴箱能够提供最高 100 ℃的温度,精度为±0.1 ℃。高压煤样罐的最大安全工作压力为 35 MPa。超临界 CO_2 饱和煤样的步骤为:① 采用抽真空系统对煤样进行脱气处理,脱气时间为 24 h,温度为 60 ℃,压力为 4 Pa。② 将水浴箱的温度设置为 35 ℃,待温度达到目标温度后,打开气源,使用 ISCO 260D 型高精度高压柱塞泵向煤样罐内充入8 MPa的 CO_2 气体。③ 由于实验过程中的温度和压力均超过了 CO_2 的临界温度和临界压力,此时的 CO_2 处于超临界态。实验过程中,使用柱塞泵和恒温水浴箱维持目标压力和目标温度的稳定。为了保证 CO_2 与煤体充分反应,根据前人的研究选择 9 天作为饱和时间。

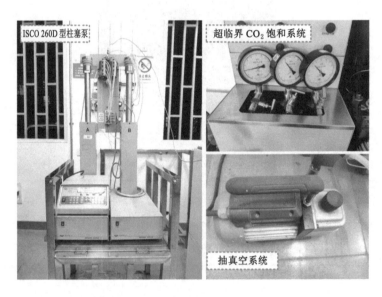

图 1-4 高压地质环境模拟系统实物图

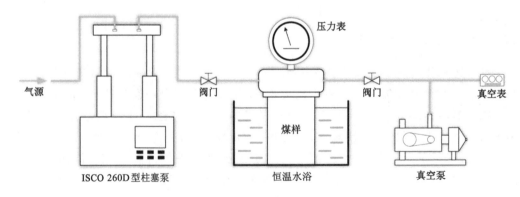

图 1-5 高压地质环境模拟系统原理图

表 1-3 ISCO 260D 型高精度高压柱塞泵主要技术参数

参数	数值	参数	数值
压力范围/psi	0～7 500	流量范围/(mL/min)	0.001～107
双泵流速范围/(mL/min)	0.001～80	容量/mL	266
流速精确度	0.5%	标准压力精确度	0.5%

X 射线衍射实验所采用的仪器为 Empyrean 型多功能高分辨 X 射线衍射仪,其实物图和原理图分别如图 1-6 和图 1-7 所示。该仪器主要包括 X 射线发生器、衍射测角仪、辐射探测器、测量电路和记录分析系统等组件,主要技术参数如表 1-4 所示。在本次实验过程中,设置 2θ 扫描角度为 $5°\sim75°$。需要特别指出的是,本次实验前并没有对煤样样品进行脱矿和灰化处理。

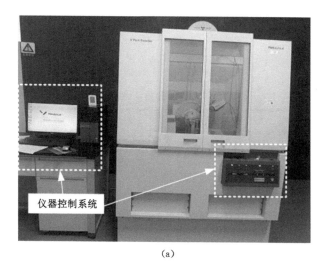

(a)

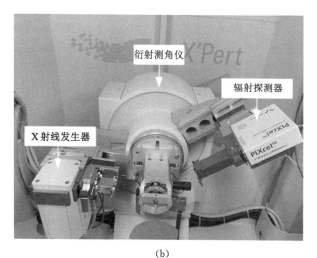

(b)

图 1-6 Empyrean 型多功能高分辨 X 射线衍射仪实物图

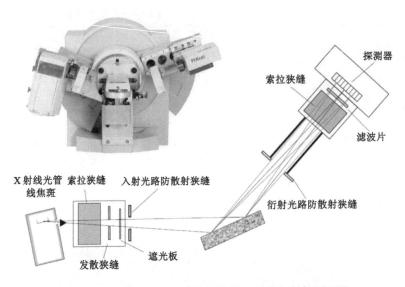

图 1-7　Empyrean 型多功能高分辨 X 射线衍射仪原理图

表 1-4　Empyrean 型多功能高分辨 X 射线衍射仪主要技术参数

参数	数值	参数	数值
最大输出功率/kW	4	靶材	Cu 靶
最大管电压/kV	50	最大管电流/mA	55
角度重现性/(°)	0.001	测角仪精度/(°)	≤±0.000 1
全局计数率	>3×10^{10}	能量分辨率/eV	450
子探测器大小/μm	55×55	子探测器总个数/个	65 536

拉曼光谱实验所采用的仪器为 LabRAM HR Evolution 型显微共聚焦拉曼光谱仪,其实物图和原理图分别如图 1-8 和图 1-9 所示。该仪器主要由激光器发射模块、显微镜和智能全自动扫描模块等组成。前人的研究[1,11]表明,拉曼光谱实验在碳质材料结构的研究中取得了良好的应用效果。因此,采用拉曼光谱实验能够快捷、有效地分析超临界 CO_2 作用下煤体晶体结构演化特征。

图 1-8　LabRAM HR Evolution 型显微共聚焦拉曼光谱仪实物图

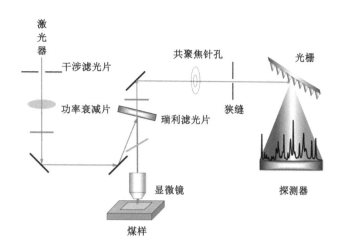

图 1-9　LabRAM HR Evolution 型显微共聚焦拉曼光谱仪原理图

1.2.2　基于 X 射线衍射的煤晶体形态结构表征

通常认为煤是一种处在无序化的非晶质与杂乱化的晶体之间的类石墨过渡结构物质。Lu 等[7] 的研究表明,煤的大分子结构中主要包含两种结构:无定形结构碳和微晶结构碳,如图 1-10 所示。

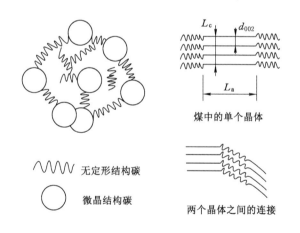

图 1-10　煤的大分子形态结构简化示意图(据 Lu 等[7])

由图 1-10 可以看出,煤的微晶形态结构单元(大分子基本结构单元)是若干个由缩合芳香环构成的碳原子网按照某一方向堆砌而成的,而无定形结构碳是将微晶结构碳或碳原子网连接起来形成的。同时,微晶结构单元的四周还存在着不同种类的杂原子基团、侧链、官能团和化学键等,共同构成了煤的化学形态结构(大分子结构)[12]。衡量煤晶核的大小的微晶结构参数主要包括芳香层间距 d_{002}、微晶结构堆砌度 L_c、微晶结构延展度 L_a、芳香层片数 N_{ave} 等(图 1-10),通过比较超临界 CO₂ 饱和前后这些参数的变化可以有效地评估超临界 CO₂ 饱和对于煤体微晶结构的影响。

（1）煤岩 X 射线衍射原始能谱图特征

图 1-11 为不同饱和条件下煤样的 X 射线衍射原始能谱图（扫描图中二维码获取彩图，下同）。由图 1-11 可以看出，FX 煤样和 SD 煤样在超临界 CO_2 饱和前后，其能谱图整体分布形态并没有产生明显的改变。如图 1-11 中紫色方框所示，在 $2\theta=26°$ 附近，四种条件下煤样的能谱图均呈现了典型的石墨衍射峰，即 002 衍射峰。这种现象表明，尽管煤中存在较为复杂的无定形结构，但其仍然具备石墨晶体的一些典型特征。因此，可以将煤视为类石墨过渡结构物质[4]。此外，Jiang 等[13]的研究表明，对于碳材料的化学结构，在 $2\theta=45°$ 附近通常会出现另外一个典型的石墨衍射峰，即 100 衍射峰。然而，从图 1-11 中蓝色方框可以看出，本次实验煤样的原始能谱图在此处并没有呈现明显的特征峰。造成这种现象的原因可能是本书所使用煤样中石墨结构的基面生长程度与背景并没有处在同一个范围内[14]。

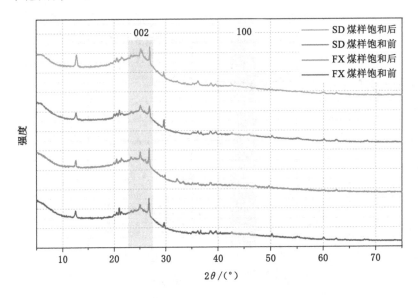

图 1-11　不同饱和条件下煤样的 X 射线衍射原始能谱图

此外，FX 煤样的能谱图与 SD 煤样相比，整体分布形态较为接近。这是因为这两类煤样均属于烟煤，并且本书 1.1 节的工业分析实验和元素分析实验表明，煤样的基本组成较为类似。综上所述，只通过视觉观察难以分析超临界 CO_2 饱和对于煤体微晶结构的影响。因此，笔者在后续章节开展超临界 CO_2 饱和前后煤样微晶结构参数计算与定量化分析，以期揭示超临界 CO_2 与煤岩作用体系下煤大分子结构演化特征。

（2）矿物组分物相定性化分析

X 射线衍射实验是分析煤中矿物质组成的一种有效方法[8]。使用 MDI Jade 6.0 软件和标准 PDF 卡片数据库可以定性和半定量地分析煤样中的主要物质成分。图 1-12 和图 1-13 分别为 FX 煤样和 SD 煤样超临界 CO_2 饱和前后物相分析图。

由图 1-12 和图 1-13 可以看出，两种煤样中主要含有高岭石、石英、方解石和白云母等矿物。前人的研究[15]表明，CO_2 是一种能够引起煤岩内部某些矿物溶解和沉淀的气体。当注入 CO_2 后，CO_2 会溶解在地层水中，形成碳酸，如式（1-1）所示：

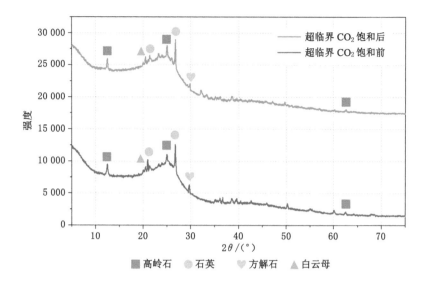

图 1-12 超临界 CO_2 饱和前后 FX 煤样物相分析

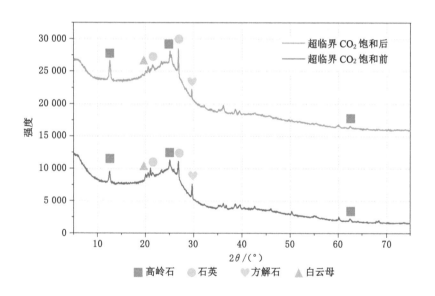

图 1-13 超临界 CO_2 饱和前后 SD 煤样物相分析

$$CO_2 + H_2O \longleftrightarrow H_2CO_3 \longleftrightarrow H^+ + HCO_3^- \tag{1-1}$$

这会导致地层 pH 值下降,从而促使某些矿物质溶解和某些矿物表面的离子释放。对比分析超临界 CO_2 饱和前后 FX 煤样和 SD 煤样物相分析的结果(图 1-12 和图 1-13)可以看出,煤中矿物成分并没有发生明显的变化,而超临界 CO_2 饱和后煤样的方解石和白云母特征峰明显减弱,这说明超临界 CO_2 饱和过程中其发生了溶解。此外,图 1-13 中紫色方片和绿色圆圈处的特征峰和图 1-12 中的相应特征峰与饱和前相比更强,这表明饱和后高岭石和石英的含量有了一定程度的增加。前人的研究[16-17]表明,方解石、白云母属于碳酸盐矿物,在酸性环境中会被溶解掉;而钠长石和伊利石溶解后会形成高岭石和石英沉淀,这可能是导致上述实验现象的原因。

（3）超临界 CO_2 饱和前后微晶结构参数量化分析

前人的研究[7]表明，微晶碳峰（002 峰）和无定形碳峰（γ 峰）叠加导致了煤样的 002 峰展现出非对称的分布特点。如果需要进一步确定超临界 CO_2 饱和对于煤体微晶结构参数的影响，就需要对 X 射线衍射原始能谱图中非对称 002 峰进行分峰拟合。笔者使用 Peakfit 软件对超临界 CO_2 饱和前后的 FX 煤样和 SD 煤样的能谱图进行分峰拟合，从而得到规则排列的 002 峰，最终进行超临界 CO_2 饱和前后煤样的微晶结构定量计算与量化分析。

分峰拟合的主要步骤为：首先，对煤样的 X 射线衍射原始谱图进行峰值分析，通过对曲线形态的观察，使用软件扣除背底。然后，为了消除煤样测试过程中多种因素造成的曲线噪声，采用 Savitzky-Golay 方法对原始谱图进行平滑处理。需要指出的是，由于笔者在开展 X 射线衍射实验时并未对煤样进行脱矿处理，因此在平滑处理前需要对一些强烈矿物特征峰进行人为消除，以便准确得到不同饱和条件下煤样的衍射峰趋势。最后，使用 Peakfit 软件中 Gauss Amp 模型对衍射峰进行分峰拟合，获得 002 拟合峰和 γ 拟合峰。

超临界 CO_2 饱和前后 FX 煤样和 SD 煤样的分峰拟合结果如图 1-14 所示。由图 1-14 可以看出，002 峰与 γ 峰相比，具有更宽更高的特点，这也与前人的研究结果一致[18]。

根据 X 射线衍射实验的基本原理，煤样衍射图谱满足布拉格方程和谢乐公式。因此，煤样的微晶结构单元参数可以通过式（1-2）、式（1-3）和式（1-4）计算[19-20]：

$$d_{002} = \frac{\lambda}{2\sin\theta_{002}} \tag{1-2}$$

$$L_c = \frac{0.89\lambda}{\beta_{002}\cos\theta_{002}} \tag{1-3}$$

$$N_{ave} = \frac{L_c}{d_{002}} \tag{1-4}$$

式中　d_{002}——芳香层间距，nm；

　　　λ——X 射线波长，0.154 05 nm；

　　　θ_{002}——衍射角，（°）；

　　　β_{002}——半峰全宽；

　　　L_a——微晶结构延展度，nm；

　　　N_{ave}——芳香层片数；

　　　L_c——微晶结构堆砌度，nm。

此外，前人的研究[4]表明，理想石墨晶体结构在煤样中的存在概率可以通过石墨化度（g）来衡量，其满足式（1-5）：

$$g = \frac{a_1 - d_{002}}{a_1 - a_2} \tag{1-5}$$

式中　a_1——芳香层在完全无序状态下的间距，对于煤结构，取 0.397 5 nm；

　　　a_2——石墨晶体结构的层间距，0.335 4 nm。

基于式（1-2）至式（1-5），笔者计算了超临界 CO_2 饱和前后 FX 煤样和 SD 煤样的微晶结构参数，并汇总于表 1-5。

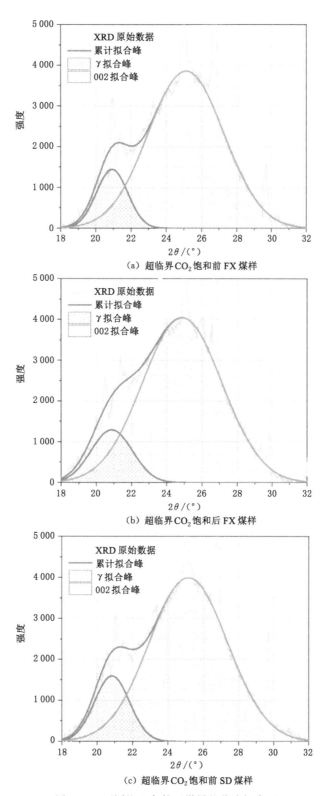

（a）超临界CO₂饱和前 FX 煤样

（b）超临界CO₂饱和后 FX 煤样

（c）超临界CO₂饱和前 SD 煤样

图 1-14　不同饱和条件下煤样的分峰拟合图

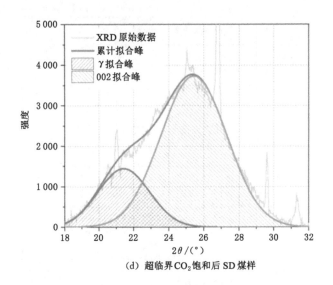

（d）超临界 CO_2 饱和后 SD 煤样

图 1-14（续）

表 1-5　超临界 CO_2 饱和前后 FX 煤样和 SD 煤样的微晶结构参数

煤样类型	$2\theta/(°)$	d_{002}/nm	L_c/nm	N_{ave}	g
超临界 CO_2 饱和前 FX 煤样	25.125 0	0.354 1	1.596 2	4.507 3	0.698 4
超临界 CO_2 饱和后 FX 煤样	24.869 3	0.357 7	1.512 2	4.227 3	0.640 7
超临界 CO_2 饱和前 SD 煤样	25.167 8	0.353 5	1.543 1	4.364 7	0.707 9
超临界 CO_2 饱和后 SD 煤样	24.925 1	0.356 9	1.465 2	4.105 0	0.653 4

由表 1-5 可以看出，FX 煤样的微晶结构参数与 SD 煤样的微晶结构参数较为接近。例如，FX 煤样的芳香层间距 d_{002} 为 0.354 1 nm，略微大于 SD 煤样的芳香层间距 d_{002}（0.353 5 nm）。对于微晶结构堆砌度 L_c 和芳香层片数 N_{ave}，FX 煤样的值也同样高于 SD 煤样，这表明 FX 煤样微晶结构单元的堆叠程度更高。然而，SD 煤样的石墨化度 g 为 0.707 9，大于 FX 煤样的石墨化度 g（0.698 4）。总体而言，FX 煤样和 SD 煤样的微晶结构参数虽然有差别，但差值较小。周贺等[21] 的研究发现，影响煤体微晶结构参数的主要因素为煤样的变质程度，而本书所研究的两个煤样的变质程度较为接近，这可能是出现上述实验结果的主要原因。

此外，通过对比超临界 CO_2 饱和前后煤样的微晶结构参数发现，超临界 CO_2 饱和促使衍射角减小而导致 002 峰左移，从而间接导致了煤样芳香层间距 d_{002} 的进一步增大。观察表 1-5 可以发现，超临界 CO_2 饱和后，FX 煤样和 SD 煤样的芳香层间距 d_{002} 分别增大了 0.003 6 nm 和 0.003 4 nm。然而，微晶结构堆砌度 L_c、芳香层片数 N_{ave} 和石墨化度 g 在超临界 CO_2 饱和后均呈现减小趋势。例如，FX 煤样的微晶结构堆砌度 L_c、芳香层片数 N_{ave} 和石墨化度 g 分别减少了 0.084 0 nm、0.280 0 和 0.057 7。类似地，SD 煤样的微晶结构堆砌度 L_c、芳香层片数 N_{ave} 和石墨化度 g 分别减少了 0.077 9 nm、0.259 7 和 0.054 5。上述结果表明，超临界

CO_2 饱和破坏了煤样晶体结构,使得煤样的碳有序度降低,晶体结构完整性降低。

1.2.3 基于拉曼光谱的煤晶体形态结构表征

（1）煤岩原始拉曼图谱特征及分峰拟合方法

拉曼光谱技术被认为是分析物质结构的一种有效方法[22]。拉曼散射是分子振动和旋转所导致极化率变化的结果,而分子的转动和振动能级特征与拉曼位移有关,因此拉曼光谱技术能够提供包含分子化学与生物结构的指纹信息[1,11]。对于煤体而言,特征拉曼光谱曲线是煤样内晶格振动所产生的,其一阶拉曼光谱特征曲线的波数范围为 $800 \sim 2\,000\ \text{cm}^{-1}$,通常存在两个明显的特征振动峰:G 峰($1\,585\ \text{cm}^{-1}$ 附近)和 D 峰($1\,350\ \text{cm}^{-1}$ 附近)。超临界 CO_2 饱和前后 FX 煤样和 SD 煤样的原始拉曼图谱如图 1-15 所示。

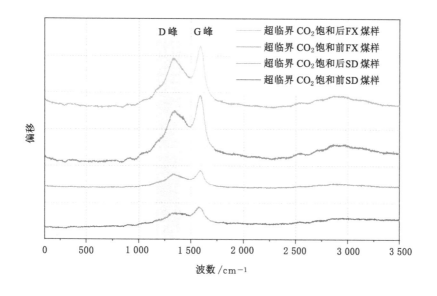

图 1-15　超临界 CO_2 饱和前后 FX 煤样和 SD 煤样的原始拉曼图谱

石墨具有完美的石墨微晶结构,其一阶拉曼光谱仅存在一个 G 峰。而由图 1-15 可以看出,超临界 CO_2 饱和前 FX 煤样和 SD 煤样都存在较为明显的 D 峰和 G 峰,并且 FX 煤样的拉曼光谱强度明显高于 SD 煤样。这说明对于高无序性的煤而言,由于晶格缺陷,其一阶拉曼光谱存在着无序峰(D 峰)。然而,人们难以通过视觉观察来判断超临界 CO_2 饱和对于 D 峰和 G 峰的影响。因此,为了定量化表征超临界 CO_2 饱和对于 D 峰和 G 峰参数(峰位置、峰面积和半峰宽等参数)的影响,就需要借助分峰拟合软件对一阶拉曼峰进行进一步的分析。

煤样拉曼光谱上的 D 峰和 G 峰存在大量重叠区域,仅仅分析 D 峰和 G 峰就会丢失一些煤结构的信息。Sadezky 等[23]的研究表明,煤样的一阶拉曼特征谱峰带包含 5 个特征谱峰带,分别为 G 峰($1\,580\ \text{cm}^{-1}$)、D_1 峰($1\,350\ \text{cm}^{-1}$)、D_2 峰($1\,620\ \text{cm}^{-1}$)、D_3 峰($1\,500\ \text{cm}^{-1}$)和 D_4 峰($1\,200\ \text{cm}^{-1}$)。其中,G 峰又称为石墨特征峰,代表着高度有序微晶碳网石墨层片,与煤分子结构内的 C═C 键的伸缩振动有关,属于 E_{2g} 对称振动;D_1 峰、D_2 峰、D_3 峰和 D_4 峰均属于由杂原子无序排列、石墨晶格缺陷、无定形碳结构引起的无序峰和缺陷峰,其中 D_1 峰、D_2 峰和 D_4 峰属于 E_{2g} 对称振动或 A_{1g} 对称振动,如表 1-6 所示。

表 1-6   煤样一阶拉曼特征谱峰带及振动模式[23]

特征谱峰带名称	拉曼位移/cm^{-1}	振动模式	描述
D_1	1 350	石墨烯层边缘,A_{1g} 对称振动	无序石墨晶格结构
D_2	1 620	表面石墨烯层,E_{2g} 对称振动	无序石墨晶格结构
D_3	1 500	高斯线性状	无定形碳结构
D_4	1 200	A_{1g} 对称振动	无序石墨晶格结构
G	1 580	E_{2g} 对称振动	理想石墨晶格空间群

基于表 1-6,使用 Peakfit 软件对超临界 CO_2 饱和前后 FX 煤样和 SD 煤样的拉曼光谱进行了分峰拟合,其步骤与 1.2.2 节的 X 射线衍射处理步骤类似:首先,对不同饱和条件下煤样的原始拉曼光谱进行背底扣除;然后,采用 Savitzky-Golay 方法对原始图谱进行平滑处理;最后,根据 G 峰(1 580 cm^{-1})、D_1 峰(1 350 cm^{-1})、D_2 峰(1 620 cm^{-1})、D_3 峰(1 500 cm^{-1})和 D_4 峰(1 200 cm^{-1})五个特征谱峰带对曲线进行分峰拟合。

(2)拉曼光谱分峰拟合结果与讨论

图 1-16 为超临界 CO_2 饱和前后 FX 煤样和 SD 煤样的一阶拉曼光谱分峰拟合结果。由图 1-16 可以看出,不同饱和条件下 FX 煤样和 SD 煤样的拟合效果均较好($R^2 > 0.99$),这就为进一步分析煤样特征谱峰与微晶形态结构及其有序度等信息提供了保障。

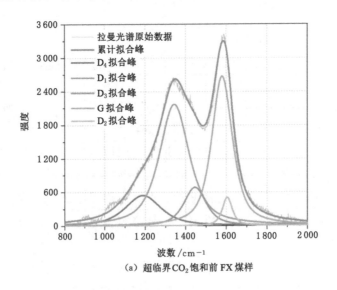

(a)超临界 CO_2 饱和前 FX 煤样

图 1-16   不同饱和条件下煤样一阶拉曼光谱的分峰拟合图

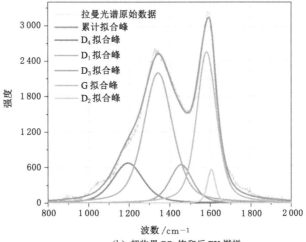

（b）超临界CO₂饱和后 FX 煤样

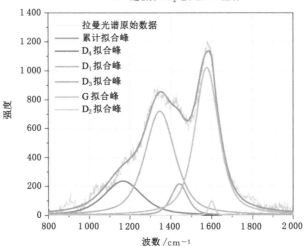

（c）超临界CO₂饱和前 SD 煤样

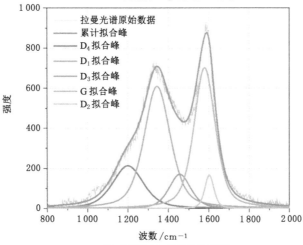

（d）超临界CO₂饱和后 SD 煤样

图 1-16（续）

使用 Origin 软件对分峰结果（图 1-16）进行分析，提取获得 G 峰、D_1 峰、D_2 峰、D_3 峰和 D_4 峰的峰位置、半峰宽和峰面积等参数。前人的研究[4,22]表明，利用分峰拟合结果计算获得的峰位差 $G-D_1$ 和峰强比 I_{D_1}/I_G 能够用来评估煤体大分子的结晶度和缺陷，同时在一定程度上也可以衡量煤样芳香环的生长度和有序度。因此，笔者基于图 1-16 的拉曼分峰结果计算获得了超临界 CO_2 饱和前后 FX 煤样和 SD 煤样的三个特征峰参数、峰位差 $G-D_1$ 和峰强比 I_{D_1}/I_G，并总结于表 1-7 内。

表 1-7　不同饱和条件下煤样一阶拉曼光谱的分峰拟合参数

煤样	峰型	峰位置 /cm^{-1}	峰面积	半峰宽 /cm^{-1}	峰位差 $G-D_1$ /cm^{-1}	峰强比 I_{D_1}/I_G
超临界 CO_2 饱和前 FX 煤样	G	1 579	429 839.78	120.90	235	1.162 0
	D_1	1 344	499 468.36	175.95		
	D_2	1 604	40 551.32	58.65		
	D_3	1 445	119 280.76	130.24		
	D_4	1 189	145 734.02	209.82		
超临界 CO_2 饱和后 FX 煤样	G	1 581	370 601.99	116.37	239	1.225 6
	D_1	1 342	454 195.54	167.49		
	D_2	1 604	34 360.50	47.27		
	D_3	1 454	106 838.79	131.97		
	D_4	1 194	146 601.82	177.54		
超临界 CO_2 饱和前 SD 煤样	G	1 575	183 159.59	139.76	229	0.872 2
	D_1	1 346	15 9756.79	174.54		
	D_2	1 599	4 405.65	32.30		
	D_3	1 441	27 158.36	95.22		
	D_4	1 164	65 014.54	222.41		
超临界 CO_2 饱和后 SD 煤样	G	1 578	109 877.57	125.63	234	1.054 5
	D_1	1 344	115 870.07	153.35		
	D_2	1 602	11 597.36	54.35		
	D_3	1 455	26 871.30	125.27		
	D_4	1 199	47 430.38	181.41		

由表 1-7 可以看出，FX 煤样的峰位差 $G-D_1$ 和峰强比 I_{D_1}/I_G 均高于 SD 煤样的峰位差 $G-D_1$ 和峰强比 I_{D_1}/I_G。例如，超临界 CO_2 饱和前 FX 煤样的峰位差 $G-D_1$ 和峰强比 I_{D_1}/I_G 分别为 235 cm^{-1} 和 1.162 0，大于超临界 CO_2 饱和前 SD 煤样的峰位差 $G-D_1$ 和峰强比 I_{D_1}/I_G（分别为 229 cm^{-1} 和 0.872 2）。对比超临界 CO_2 饱和前后煤样的分峰拟合参数（表 1-7），可以发现煤的拉曼结构参数呈现出一定的规律性：超临界 CO_2 饱和后，煤样的 D_1 峰向低波数区域移动，但移动幅度较小。例如，超临界 CO_2 饱和后 FX 煤样和 SD 煤样的 D_1 峰均向左移动了 2 cm^{-1}。此外，超临界 CO_2 饱和后煤样的 G 峰向高波数区域移动，呈

现出与 D_1 峰相反的移动趋势。例如,超临界 CO_2 饱和后 FX 煤样和 SD 煤样 G 峰向右移动了 2 cm^{-1} 和 3 cm^{-1}。这就导致了超临界 CO_2 饱和后煤样的峰位差 $G-D_1$ 增大,但整体移动幅度较小。另外,超临界 CO_2 饱和同样造成了峰强比 I_{D_1}/I_G 的增加。例如,超临界 CO_2 饱和前 FX 煤样和 SD 煤样的峰强比 I_{D_1}/I_G 分别为 1.162 0 和 0.872 2,而超临界 CO_2 饱和后,该值分别增大到 1.225 6 和 1.054 5,分别增加了 5.47% 和 20.90%。从上述结果可以看出,超临界 CO_2 饱和后煤样的峰强比 I_{D_1}/I_G 平均增加了 13.19%,远大于超临界 CO_2 饱和后煤样峰位差 $G-D_1$ 的增加幅度(1.82%)。这表明煤样拉曼谱峰的峰强比对超临界 CO_2 饱和作用存在敏感响应规律。前人的研究[22,24]表明,峰强比 I_{D_1}/I_G 是评估煤体大分子的结晶度和缺陷的关键指标。因此,超临界 CO_2 饱和后煤样的峰强比 I_{D_1}/I_G 增加表明超临界 CO_2 饱和导致煤样有序度降低,大分子内部缺陷增加。

(3)超临界 CO_2 饱和对微晶结构延展度的影响

煤晶核的大小主要取决于芳香层间距 d_{002}、微晶结构堆砌度 L_c、微晶结构延展度 L_a、芳香层片数 N_{ave} 等微晶结构参数。前文已经通过 X 射线衍射法获得了超临界 CO_2 饱和前后煤样的芳香层间距 d_{002}、微晶结构堆砌度 L_c 和芳香层片数 N_{ave} 等微晶结构参数,然而本书所测煤样的 X 射线衍射光谱在 $2\theta=45°$ 附近并未出现明显的石墨衍射峰,因此并未获得微晶结构延展度 L_a 这一关键微晶结构参数。但 Matthews 等的研究[22]指出,可以使用拉曼光谱分峰拟合结果来计算煤样的微晶结构延展度 L_a:

$$L_a = \frac{C(\lambda_L)}{I_D/I_G} = \frac{C_0 + \lambda_L C_1}{I_D/I_G} \tag{1-6}$$

式中　　$C(\lambda_L)$——波长前因子,nm,可由 $C(\lambda_L)=C_0+\lambda_L C_1$ 计算获得,其中 $C_0=-12.6$ nm, $C_1=0.033$;

　　　　λ_L——波长,nm,当波长为 400~700 nm 时式(1-6)适用;

　　　　I_D/I_G——峰强比。

基于表 1-7 和式(1-6),计算获得了超临界 CO_2 饱和前后 FX 煤样和 SD 煤样的微晶结构延展度,并汇总于表 1-8。

表 1-8　超临界 CO_2 饱和前后煤样的微晶结构延展度

煤样	L_a/nm	变化率/%
超临界 CO_2 饱和前 FX 煤样	4.265 1	−5.19
超临界 CO_2 饱和后 FX 煤样	4.043 9	
超临界 CO_2 饱和前 SD 煤样	5.682 0	−17.29
超临界 CO_2 饱和后 SD 煤样	4.699 7	

由表 1-8 可以看出,超临界 CO_2 饱和前 SD 煤样的微晶结构延展度 L_a 为 5.682 0 nm,大于超临界 CO_2 饱和前 FX 煤样的微晶结构延展度 L_a(4.265 1 nm)。超临界 CO_2 饱和后煤样的微晶结构延展度 L_a 均有不同程度的减小。具体而言,SD 煤样的微晶结构延展度 L_a 从 5.682 0 nm 减小到 4.699 7 nm,减少了 17.29%;而 FX 煤样微晶结构延展度 L_a 的降低幅

度则相对较小，从 4.265 1 nm 减小到 4.043 9 nm，减少了 5.19％。Larsen 等[12,25]的研究发现，超临界 CO_2 可以溶解在煤体的大分子结构中，从而导致交联键松弛，分子结构发生重组，进而导致煤体的大分子结构改变，这可能是超临界 CO_2 饱和后煤样微晶结构延展度 L_a 减小的原因。

1.3 超临界 CO₂ 作用下煤有机官能团演化特征

1.3.1 实验仪器及研究方案

本节实验使用 SD 煤样和 FX 煤样进行超临界 CO_2 饱和，并开展傅立叶红外光谱实验，以分析超临界 CO_2 饱和对于煤表面有机化合物侧链上的分子官能团的影响。具体实验过程如下：先将现场取回的煤样使用煤岩粉碎机进行粉碎，使用玛瑙研体进一步粉碎、研磨，过 200 目筛。然后，将筛分过的 SD 煤样和 FX 煤样各分为两份，一份进行超临界 CO_2 饱和，另外一份作为空白对照组。超临界 CO_2 饱和过程及使用仪器与本书 1.2 节的 X 射线衍射实验和拉曼光谱实验保持一致，在此不再赘述。最后，将上述煤样送至重庆大学分析测试中心，开展傅立叶红外光谱实验。

傅立叶红外光谱实验所采用的仪器为 Nicolet iS50 型傅立叶变换红外光谱仪，其实物图如图 1-17 所示。该仪器能够获得煤样特征谱和指纹区的实验结果，从而反映煤体中含有的官能团种类及数量，主要技术参数如表 1-9 所示。本次实验时所使用的分辨率为 4 cm⁻¹，设置的扫描范围为 400～4 000 cm⁻¹，每组样品扫描 32 次。

图 1-17 Nicolet iS50 型傅立叶变换红外光谱仪

表 1-9 Nicolet iS50 型傅立叶变换红外光谱仪主要技术参数

参数	数值	参数	数值
分辨率/px⁻¹	2.25	波数精度/px⁻¹	0.25
线性度	＜0.07％	峰-峰噪声值	优于 55 000∶1
光谱范围/cm⁻¹	7 800～350		

1.3.2 煤岩红外光谱原始图谱特征

红外光谱谱图的分析就是利用煤样中基团振动频率与煤分子结构的关系,根据实验所获得的煤样红外光谱图的吸收峰位置、强度和形状,确定吸收带的归属,进而确认煤分子中所含的官能团。

在红外光谱测试过程中,同一种官能团的吸收峰所对应的谱峰位置是不变的,因此可以根据出现峰的位置确定所属的官能团,并且可以根据峰高来定性分析煤样中官能团在超临界 CO_2 饱和后的变化情况。参照前人[26-28]研究成果,本实验所采用的煤的红外光谱吸收峰归属如表 1-10 所示。

表 1-10　煤的红外光谱吸收峰归属对应表[26-28]

谱峰位置/cm^{-1}	官能团属性	官能团
3 684～3 625	游离 OH	—OH
3 614、3 703	高岭石	—OH
3 560～3 500	羧酸中 OH	—OH
3 542～3 535	羟基—π 键氢键	—OH
3 488～3 420	羟基自缔合氢键	—OH
3 393～3 252	羟基—醚氧氢键	—OH
3 234～3 193	环状缔合羟基氢键	—OH
3 176～3 070	羟基—N 原子氢键	—OH
3 060～3 030	芳核上 CH 的伸缩振动	CH
2 975～2 950	CH_3 反对称伸缩振动	CH_3
2 945～2 921	脂族 CH_2 反对称伸缩振动	CH_2
2 902～2 896	脂链或脂环中的 CH 伸缩振动	CH
2 882～2 862	CH_3 对称伸缩振动	CH_3
2 876～2 824	脂族 CH_2 对称伸缩振动	CH_2
1 780～1 720	脂肪族中 C=O 伸缩振动	C=O
1 720～1 690	芳香族中 C=O 伸缩振动(酸、酮、醛)(羧基)	COOH
1 680～1 648	脂肪族中 C=O 伸缩振动	C=O
1 633～1 500	芳烃 C=C 骨架振动	C=C
1 486～1 435	脂类 CH_3、CH_2 反对称变形振动	CH_3、CH_2
1 428～1 366	脂类 CH_3、CH_2 对称变形振动	CH_3、CH_2
1 350～1 260	芳基醚	—O—
1 245～1 147	酚的 C—O 伸缩振动	C—O—
1 160	石英	
1 132～1 079	醇的 C—O 伸缩振动	C—O—
1 170～1 060	Si—O—Si 或 Si—O—C 伸缩振动,硅酸盐矿物	Si—O
1 049～1 020	烷基醚	—O—

表 1-10(续)

谱峰位置/cm^{-1}	官能团属性	官能团
950	羧酸中 OH 的弯曲振动	—OH
880~870	苯环上一个 H 原子,即苯环五取代	H
877	方解石	
849~817	苯环上邻近 2 个 H 原子取代	2H
804、780	石英	
801~750	苯环上邻近 3 个 H 原子取代	3H
763~733	苯环上 4 个邻近 H 原子,苯环二取代	4H
720~716	正烷烃侧链上骨架$(CH_2)_n$的面内摇摆振动	CH_2
540、466、424	硅酸盐矿物,包括石英和黏土矿物	

图 1-18 为超临界 CO_2 饱和前后 FX 煤样和 SD 煤样的红外光谱原始图谱。由图 1-18 可以看出,所有煤样的红外光谱图谱均存在多个吸收峰,这说明所测煤样表面的化学微结构复杂。此外,FX 煤样和 SD 煤样的红外光谱图谱分布形状类似,只是峰值的大小存在差异。这表明 FX 煤样和 SD 煤样含有的官能团种类是类似的,只是各个官能团的含量不同而已,这也与 1.2 节中 X 射线衍射实验和拉曼光谱实验获得的结果一致。从图 1-18 中还可以发现,所有煤样的图谱在 3 400 cm^{-1} 附近、3 100 cm^{-1} 附近、1 600 cm^{-1} 附近、1 400 cm^{-1} 附近和 1 100 cm^{-1} 附近等位置存在着较为明显的峰,这说明所测煤样在这些波数附近所对应的官能团的含量较大。为了确定煤样在超临界 CO_2 饱和前后红外光谱特征吸收峰的变化,笔者参照前人的研究[29-31],将红外光谱图分为两部分:官能团区谱图(波数为 4 000~1 500 cm^{-1})和指纹区谱图(波数在 1 500~400 cm^{-1} 内),在接下来的章节进行详细分析。

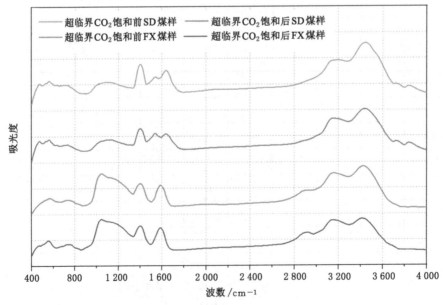

图 1-18 超临界 CO_2 饱和前后煤样的红外光谱原始图谱

1.3.3　超临界 CO_2 饱和对煤有机官能团的影响

（1）官能团区谱图

图 1-19 为超临界 CO_2 饱和前后 FX 煤样和 SD 煤样官能团区谱图。

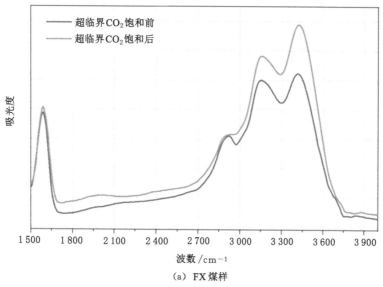

（a）FX 煤样

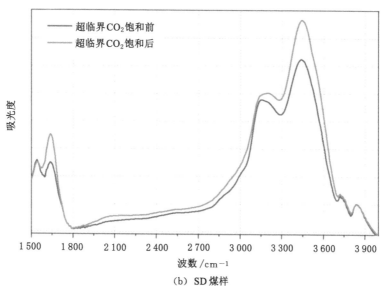

（b）SD 煤样

图 1-19　超临界 CO_2 饱和前后煤样官能团区谱图

由图 1-19 可以看出，超临界 CO_2 饱和后，FX 煤样羟基吸收谱带（波数为 $3\,600 \sim 3\,000$ cm^{-1}）的峰值明显降低。具体而言，波数 $3\,488 \sim 3\,420$ cm^{-1} 范围吸收峰对应的羟基自缔合氢键、波数 $3\,234 \sim 3\,193$ cm^{-1} 范围吸收峰对应的环状缔合氢键、波数 $2\,975 \sim 2\,950$ cm^{-1} 范围吸收峰对应的 CH_3 反对称伸缩振动、波数 $2\,945 \sim 2\,921$ cm^{-1} 范围吸收峰对应的脂族 CH_2 反

对称伸缩振动和波数 $2\,902 \sim 2\,896\ cm^{-1}$ 范围吸收峰对应的脂链或脂环中的 CH 伸缩振动均有着明显减弱。而对于超临界 CO_2 饱和后的 SD 煤样,除了波数 $3\,488 \sim 3\,420\ cm^{-1}$ 范围吸收峰对应的羟基自缔合氢键、波数 $3\,234 \sim 3\,193\ cm^{-1}$ 范围吸收峰对应的环状缔合氢键以外,其脂肪族中 C=O 伸缩振动(波数 $1\,680 \sim 1\,648\ cm^{-1}$)也有所减弱。

(2) 指纹区谱图

超临界 CO_2 饱和前后 FX 煤样和 SD 煤样指纹区谱图如图 1-20 所示。

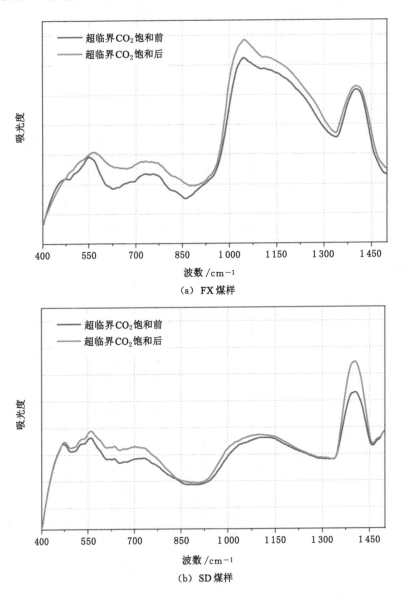

(a) FX 煤样

(b) SD 煤样

图 1-20　超临界 CO_2 饱和前后煤样指纹区谱图

　　由图 1-20 可以看出,超临界 CO_2 饱和后的 FX 煤样,波数 $1\,049 \sim 1\,020\ cm^{-1}$ 范围吸收峰对应的烷基醚、波数 $1\,132 \sim 1\,079\ cm^{-1}$ 范围吸收峰对应的醇的 C—O 伸缩振动、波数

$801 \sim 750 \ cm^{-1}$ 范围吸收峰对应的苯环上邻近 3 个 H 原子取代和波数 $720 \sim 716 \ cm^{-1}$ 范围吸收峰对应的正烷烃侧链上骨架 $(CH_2)_n$ 的面内摇摆振动均有明显减弱。而对于超临界 CO_2 饱和后的 SD 煤样,波数 $1\ 428 \sim 1\ 366 \ cm^{-1}$ 范围内存在着一个尖锐的吸收峰,该峰对应的脂类 CH_3、CH_2 对称变形振动在超临界 CO_2 饱和后有明显减弱。

综上所述,煤样在超临界 CO_2 饱和后,一些官能团的吸收峰显著降低,这说明超临界 CO_2 能够萃取煤中的部分有机物。Stahl 等[32] 全面研究了超临界 CO_2 的溶解规律,发现 CO_2 是一种非极性物质,分子偶极矩为零。同时煤是一种具有基质孔隙和基质裂隙双重孔隙结构的多孔介质,在一定条件下煤样中被超临界 CO_2 萃取的有机物会随着气流被带出孔裂隙系统。

2 超临界 CO_2 作用下烟煤孔隙结构演化规律

煤储层是一种典型的结构复杂的多孔介质,主要包含裂隙系统和基质孔隙系统,其中孔隙和裂隙是气体存储和运移的场所[33]。基质孔隙系统因其具有较大的比表面积,可为煤层气和二氧化碳储存提供充足的赋存空间;而裂隙系统因其具有较大的体积,可为煤层气和二氧化碳运移提供重要的渗流通道[34-36]。因此,开展超临界 CO_2 作用下煤储层微观结构演化规律研究,有利于更进一步认识注 CO_2 强化煤层气开采过程中气体的赋存和渗流机理。近几十年来,多种方法用于表征煤的孔隙结构,如小角 X 射线散射法、小角中子散射法、压汞法、扫描电镜法、低场核磁共振法、场发射扫描电镜法、二氧化碳吸附法和低温氮气吸附法[37-39]。在这些测试方法中,压汞法、低温氮气吸附法和低场核磁共振法测试技术成熟、测量速度快、样品要求低、成本低,是目前应用最为广泛的煤孔隙结构测量方法[40]。需要特别指出的是,压汞法和低温氮气吸附法测量的样品为小颗粒,而低场核磁共振法能够测量大尺寸的圆柱体煤样。因此,通过上述三种方法的组合使用,可以多尺度地反映超临界 CO_2 对煤体微观结构的影响。

煤中的孔隙通常分布在三维空间中,由于理论上的局限性,传统的几何方法无法准确反映其异质性。分形几何最初是由 Mandelbrot 等提出的,用以描述多孔材料的表面形态和孔结构的不规则性[41]。由于煤的表面形态和孔隙结构具有不同尺度下的自相似性,因此使用分形几何来描述其不规则性是合理的[42]。前人的研究已经表明,煤样的分形维数能够一定程度上衡量气体在煤中的吸附、解吸、扩散和渗流的难易程度[43-44]。因此,研究煤样分形维数对于全面表征煤样在超临界 CO_2 饱和后三维孔隙结构的变化具有重要的意义。

综上所述,本章采用低温氮气吸附法、压汞法和低场核磁共振法对超临界 CO_2 饱和前后煤样的孔隙结构进行定量表征,同时利用分形维数理论对煤样的吸附孔和渗流孔的分形维数进行评价,旨在为注 CO_2 强化深部煤层气开采过程中煤储层的气体输运能力、运移效率和赋存能力分析等提供更加合理的理论指导。

2.1 实验仪器及研究方案

2.1.1 研究方案

煤是一种典型的多孔介质,其中的孔裂隙分布控制着煤储层中气体的吸附、脱附、扩散和渗流。对于煤体而言,其孔隙分布可从微晶结构的纳米级(<1 nm)至基质单元的毫米

级[45-47]。目前,有关孔隙大小分类的标准层出不穷,但国际上认可度最高、使用范围最为广泛的分类标准为国际纯粹与应用化学联合会(International Union of Pure and Applied Chemistry,IUPAC)提出的分类标准:孔径大于 50 nm 的孔隙归类为大孔;孔径介于 2～50 nm 之间的孔隙归类为介孔或中孔;孔径小于 2 nm 的孔隙归类为微孔,如图 2-1 所示。压汞法、低温氮气吸附法和低场核磁共振法三种实验方法所测孔径既有不同也有重复,因此可将三种方法测得的实验结果相互对比,以提高实验结果的可靠性。

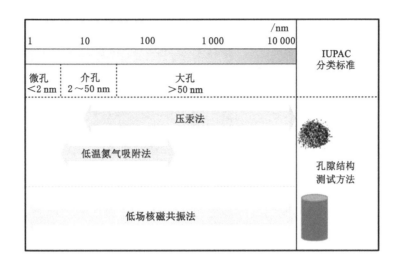

图 2-1　孔隙分类标准与测试方法

本节实验使用 SD 煤样和 FX 煤样进行超临界 CO_2 饱和,并开展低温氮气吸附实验、压汞实验和低场核磁共振实验,以分析超临界 CO_2 饱和对于煤体孔隙结构的影响。具体实验过程如下:根据实验测试仪器对样品的要求,先使用取心机、切割机、磨床、煤样粉碎机和煤样筛等仪器,将现场取回的煤样制作成直径 0.2～0.25 mm 的颗粒煤、直径 1～3 mm 的颗粒煤和 ϕ50 mm×100 mm 的圆柱体煤样。然后,使用高压地质环境模拟系统对煤样进行超临界 CO_2 饱和,饱和过程与本书第 1 章保持一致,在此不再赘述。最后,对未进行超临界 CO_2 饱和的煤样和超临界 CO_2 饱和后的煤样开展低温氮气吸附实验、压汞实验和低场核磁共振实验,并进行相关实验结果分析与讨论。

2.1.2 实验设备

(1)低温氮气吸附法

低温氮气吸附法在 −196 ℃ 环境温度下和相对压力(p/p_0)为 0.01～0.99 范围内,以氮气分子作为探针分子吸附于煤样表面,根据氮气吸附和脱附曲线来测定煤样的孔隙大小与分布情况。本书实验所采用的仪器为 ASAP-2020 型比表面和孔径分布测定仪,其实物图如图 2-2 所示。实验过程中遵循国标《压汞法和气体吸附法测定固体材料孔径分布和孔隙度》(GB/T 21650.2—2008 和 GB/T 21650.3—2011),使用的煤样粒径为 0.2～0.25 mm。孔径分布由 Barrett-Johner-Halenda(BJH)模型得到,总孔体积由 $p/p_0=0.99$ 的单点吸附确定[48]。

（2）压汞法

压汞实验使用的仪器为 PoreMaster-33 型全自动孔径分析仪，如图 2-3 所示。Pore-Master-33 型全自动孔径分析仪是由两个低压站和一个高压站所组成的，共计配备了 3 个高精度压力传感器，该传感器的精度高达 ±0.11%，分辨率也达到了 10^{-4} psi。该仪器能够测量的最小孔径约为 6 nm。

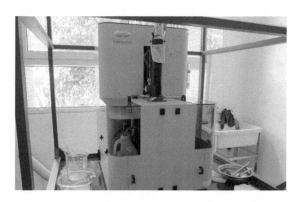

图 2-2　ASAP-2020 型比表面和
孔径分布测定仪

图 2-3　PoreMaster-33 型
全自动孔径分析仪

对于煤体而言，汞是一种不浸润液体。在压汞实验过程中，界面张力阻碍汞进入煤样孔隙中，此时就需要施加外力以促使汞进入孔隙中。假设煤样的孔是直径为 r 的刚性圆柱体，根据 Washburn 方程可以得出抗汞进入的界面张力为 $-2\pi r\gamma\cos\theta$；而当压力为 p 时，克服界面张力的外力作用在煤样的孔截面上，其值为 $\pi r^2 p$。平衡时，上述两部分相等，则存在如下关系：

$$r = \frac{2\gamma\cos\theta}{p} \qquad (2-1)$$

式中　r——孔径，nm；

　　　θ——汞与物质的接触角 θ，通常在 $135°\sim150°$ 之间，取 $140°$；

　　　γ——汞的表面张力，取 0.48 N/m。

对式（2-1）进行化简可得 r 与 p 的关系：

$$r = \frac{733}{p} \qquad (2-2)$$

由式（2-2）可以看出，汞能够进入煤样孔的孔径与所受到的压力成反比，压力越大，汞能够进入的孔越小。因此，实时记录压力和进入煤样孔隙汞的体积即可获得煤样的孔径分布和总孔体积等参数。

（3）低场核磁共振法

低场核磁共振使用的仪器为 MacroMR12-150H-I 型核磁共振岩心分析仪，仪器的实物图如图 2-4 所示。该仪器的主磁场的磁感应强度为 0.3 T，RF 脉冲频率范围为 1～

42 MHz，控制精度为 0.01 Hz，峰值输出功率高于 300 W。低场核磁共振法的原理为：通过 Carr-Purcell-Meiboom-Gill 脉冲序列测试可以获得煤样的自旋回波串的衰减信号，而衰减的信号反映了煤中孔隙的大小，最终通过拟合衰减信号曲线可以获得横向弛豫时间（T_2）的分布曲线。前人的研究[49]表明，T_2 和孔径 r 存在如下关系：

$$\frac{1}{T_2} = \rho \frac{S}{V} = F_s \frac{\rho}{r} \tag{2-3}$$

式中　T_2——横向弛豫时间，ms；

　　　F_s——孔的形状因子；

　　　S——孔表面积，cm^2；

　　　V——煤的孔隙体积，cm^3；

　　　ρ——横向表面弛豫强度，$\mu m/ms$；

　　　r——孔径。

因此，通过式（2-3）就可定量表征超临界 CO_2 饱和前后煤样孔隙结构特征的演化情况。

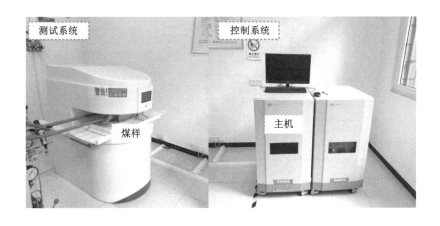

图 2-4　MacroMR12-150H-I 型核磁共振岩心分析仪

2.2　超临界 CO_2 饱和对煤体孔隙形态的影响

2.2.1　氮气吸附脱附曲线

吸附等温线呈现的形态主要是由吸附质（气体）和吸附剂（固体）两者性质所控制的。为了更加方便地研究吸附等温线，依据吸附等温线的形态和吸附剂的表面物理化学特征，前人对其进行了系统性的分类。最早的吸附等温线分类方法是 BDDT 分类法，该方法是 S. Brunauer、W. E. Deming、L. S. Deming 和 E. Teller 系统分析了上万条气体-固体吸附等温线，然后根据其特点建立的，将吸附等温线分为五大类[50]。1985 年，Sing 在 BD-DT 分类方法的基础上又增加了一类阶梯型吸附等温线[51]。2015 年，根据过去 30 年来对于吸附等温线的研究成果,国际纯粹与应用化学联合会制定了最新的吸附等温线分类标准[52]。该分类标准将原本的 I 型吸附等温线和 IV 型吸附等温线分别扩充为 I(a)、I(b)、IV(a)、IV(b)四种亚类吸附等温线,如图 2-5 所示。

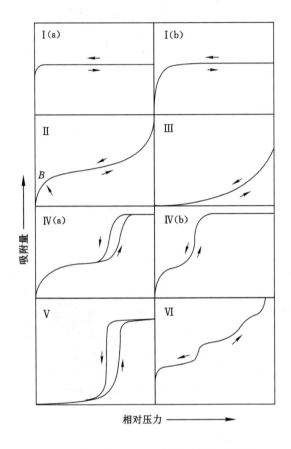

图 2-5　IUPAC 对于吸附等温线的分类[52]

图 2-6 为基于低温氮气吸附法所获得的超临界 CO_2 饱和前后 FX 煤样和 SD 煤样的吸附/脱附等温线。根据图 2-5 中对于吸附等温线的分类,超临界 CO_2 饱和前后 FX 煤样和 SD 煤样的 N_2 吸附等温线均属于 IV 型($p/p_0<0.9$),再次佐证了煤是一种富含微孔、介孔和大孔的碳基多孔材料[52-53]。由图 2-6 可以看出,超临界 CO_2 饱和前后 FX 煤样和 SD 煤样的氮气吸附/脱附等温线均呈现如下规律:在低相对压力下($0<p/p_0<0.4$),煤样的氮气吸附等温线缓慢上升,呈轻微凸状。其吸附机制为氮气在煤样表面的单层吸附或微孔填充。当相对压力达到 0.45 时,单层吸附基本完成。随着相对压力从 0.5 增加到 0.9,曲线上升缓慢,这意味着在此阶段单层吸附向多层吸附转变。当相对压力超过 0.9 时,吸附曲线和吸附量急剧上升,造成这种现象的原因是所测煤样中还存在大量 300 nm 以上的大孔孔隙,当平衡压力接近饱和蒸气压时不存在吸附饱和[54]。

由于煤结构的复杂性,很难准确确定煤样的孔隙形状,但通过滞回曲线能够对孔隙形状进行近似评估。根据煤的孔隙形态,煤的孔隙类型可分为圆柱型、锥型、狭缝型和墨

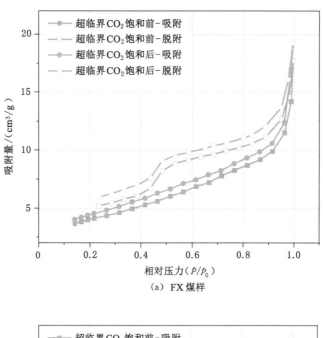

（a）FX 煤样

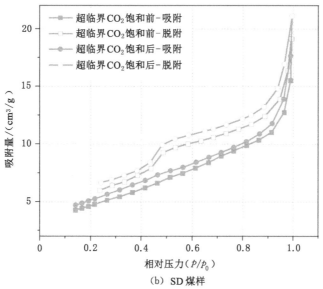

（b）SD 煤样

图 2-6　超临界 CO₂ 饱和前后煤样的氮气吸附/脱附等温线

水瓶型,如图 2-7 所示。参考 IUPAC 对于吸附等温线滞后环的相关报告[51],滞回曲线可以被分为六种类型:H1 型、H2(a)型、H2(b)型、H3 型、H4 型和 H5 型,如图 2-8 所示。在相对压力超过 0.43 时,煤样的滞回曲线为 H4 型,这说明所测煤样包含大量的狭缝型孔隙。在相对压力小于 0.43 时,煤样的低压滞后现象可能与吸附气体过程中非刚性结构的膨胀有关。从整体滞后作用来看,超临界 CO₂ 饱和前后 FX 煤样和 SD 煤样中存在大量的锥型孔隙。

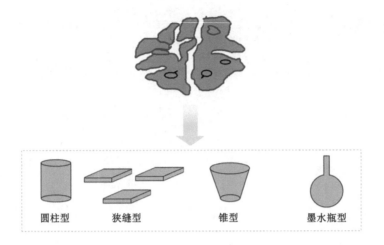

图 2-7　基于煤孔隙形态的孔隙分类

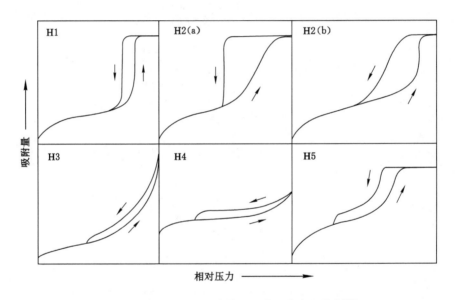

图 2-8　IUPAC 对于吸附等温线滞回曲线的分类[51]

此外,由图 2-6 可以看出,超临界 CO_2 饱和前后样品的吸附/脱附滞后回线形态差异不大,这表明超临界 CO_2 饱和没有显著改变所测煤样的孔隙类型。另外,比较超临界 CO_2 饱和前后煤样的氮气吸附/脱附曲线可以看出,超临界 CO_2 饱和后煤样的氮气吸附量明显高于未处理的煤样。例如,超临界 CO_2 饱和前 FX 煤样和 SD 煤样的 N_2 吸附量分别为 17.745 0 cm³/g 和 19.118 9 cm³/g,而超临界 CO_2 饱和后 FX 煤样和 SD 煤样的 N_2 吸附量分别为 19.310 2 cm³/g 和 21.118 2 cm³/g。Li 等[55]的研究指出,煤样对 N_2 的吸附量主要是由煤中孔隙的体积所决定的。因此,上述实验结果表明超临界 CO_2 饱和可能促使煤样形成了更多的孔隙。

2.2.2 进退汞曲线

压汞实验可分为进汞和退汞两个阶段,通过计算机采集可以获得煤样的进汞和退汞曲线。图 2-9 为超临界 CO_2 饱和前后 FX 煤样和 SD 煤样的进退汞曲线。

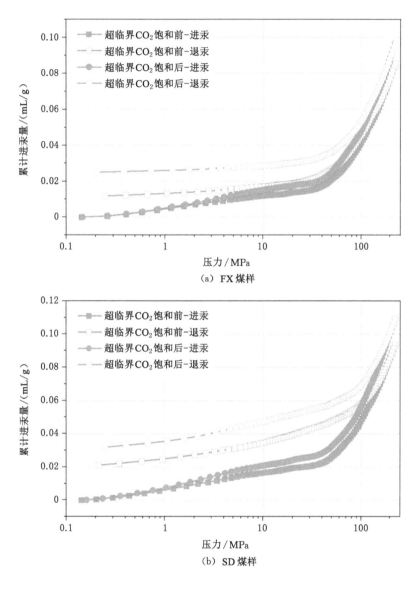

（a）FX 煤样

（b）SD 煤样

图 2-9　超临界 CO_2 饱和前后煤样的进退汞曲线

由图 2-9(a)可以看出,当压力小于 50 MPa 时,累计进汞量的增加幅度较小,而当压力高于 50 MPa 时,增加幅度较大。这说明煤中的微孔和介孔较为发育,Wang 等[56] 的研究也得到了类似的结论。超临界 CO_2 饱和后 FX 煤样累计进汞量更大,达到了 0.096 8 mL/g,比超临界 CO_2 饱和前 FX 煤样的累计进汞量大了 0.011 2 mL/g,也就是说超临界 CO_2 饱和后 FX 煤样有着更大的孔体积,这说明超临界 CO_2 对于煤样的孔隙有着一定的改造作用,从而增加了煤样的孔隙数量和孔体积。

图 2-9(b)为超临界 CO_2 饱和前后 SD 煤样的进退汞曲线。通过观察分析图 2-9(b)可以发现,未饱和 SD 煤样的总孔体积(0.093 8 mL/g)略高于未饱和 FX 煤样的总孔体积(0.085 6 mL/g),但是经过超临界 CO_2 饱和后的总孔体积与 FX 煤样的变化趋势相同。具体而言,经过超临界 CO_2 饱和,SD 煤样的总孔体积从 0.093 8 mL/g 增加到 0.109 3 mL/g,增加了 16.52%。这表明超临界 CO_2 饱和对于 SD 煤样和 FX 煤样累计进汞量的影响相类似,这与本书第 1 章的分析结果一致:FX 煤样和 SD 煤样经超临界 CO_2 饱和后,其微晶结构和官能团均呈现类似的变化趋势。

从图 2-9 中可以看出,煤样的退汞曲线滞后于进汞曲线,通常称其为"滞后环",这是由于孔隙形态特征所形成的。煤样"滞后环"的大小可简单表征所测煤样的孔隙形态和孔隙连通性,而孔隙形态和连通性影响着煤储层中的气体运移,因此研究超临界 CO_2 饱和前后煤样的"滞后环"变化规律对于注 CO_2 强化深部煤层气开采有着重要意义。基于煤样进退汞曲线的滞后环可通过式(2-4)获得:

$$H_{loop} = (V_{i,d} - V_{i,s}) - (V_{e,s} - V_{e,d}) \qquad (2\text{-}4)$$

式中　H_{loop}——煤样的滞后环,mL/g;

$V_{i,d}$——进汞曲线终点的进汞量,mL/g;

$V_{i,s}$——进汞曲线起点的进汞量,mL/g;

$V_{e,d}$——退汞曲线终点的进汞量,mL/g;

$V_{e,s}$——退汞曲线起点的进汞量,mL/g。

显然,在压汞实验过程中,煤样进汞曲线终点的进汞量等于退汞曲线起点的进汞量,即

$$V_{i,d} = V_{e,s} \qquad (2\text{-}5)$$

把式(2-5)代入式(2-4)可得:

$$H_{loop} = V_{e,d} - V_{i,s} \qquad (2\text{-}6)$$

通过图 2-9 中煤样的进退汞曲线和式(2-6),即可计算获得超临界 CO_2 饱和前后 FX 煤样和 SD 煤样的滞后环,并将其汇总于表 2-1。

表 2-1　超临界 CO_2 饱和前后煤样的滞后环

煤样	$V_{i,d}$/(mL/g)	$V_{i,s}$/(mL/g)	$V_{e,d}$/(mL/g)	$V_{e,s}$/(mL/g)	H_{loop}/(mL/g)
超临界 CO_2 饱和前 FX 煤样	0.085 6	0	0.011 8	0.085 6	0.011 8
超临界 CO_2 饱和后 FX 煤样	0.096 8	0	0.025 0	0.096 8	0.025 0
超临界 CO_2 饱和前 SD 煤样	0.093 8	0	0.021 0	0.093 8	0.021 0
超临界 CO_2 饱和后 SD 煤样	0.109 3	0	0.031 8	0.109 3	0.031 8

从表 2-1 中可以看出,超临界 CO_2 饱和后煤样的滞后环 H_{loop} 均有不同程度的增加。具体而言,FX 煤样在超临界 CO_2 饱和后,其滞后环从 0.011 8 mL/g 增加到 0.025 0 mL/g。类似地,超临界 CO_2 饱和前 SD 煤样的滞后环为 0.021 0 mL/g,饱和后的滞后环为

0.031 8 mL/g,增加了 0.010 8 mL/g。前人的研究[53]表明,煤中的孔隙是孔喉交联而成的三维空间列阵,且交叉联结的方式对于孔网络的连通性有巨大影响。在压汞实验的进汞过程中,汞要进入相应压力的孔隙,就必须通过相应有更高进入压力的孔喉;另外,由于不同孔组间由不同尺寸的孔喉相互交联,所以退汞时不同孔组的退汞压力不同,这就导致了连续的汞线条趋于断裂,从而使许多孔空腔中截留下汞小球,出现滞后作用。在本节实验中,超临界 CO_2 饱和后煤样的滞后环增大,表明退汞过程中有更多的汞被截留在孔隙内。上述实验现象可能是超临界 CO_2 饱和促进了煤中各个孔组间的相互联结所造成的,这也意味着超临界 CO_2 饱和能在一定程度上改善煤样孔隙的连通情况。

2.3 超临界 CO_2 饱和对煤体孔隙分布的影响

2.3.1 基于低温氮气吸附法的煤体孔隙分布表征

基于低温氮气吸附法获得的超临界 CO_2 饱和前后 FX 煤样和 SD 煤样的孔径分布如图 2-10 所示。其中纵坐标为 BJH 差异孔隙体积(dV/dr)和累计孔体积(V),横坐标为孔隙直径(r)。由图 2-10 可以看出,煤样的孔径分布在介孔阶段存在一个峰值,且累计孔体积在此阶段快速增长,表明煤中的介孔较为发育,这也与前人的研究结果一致[57-58]。此外,超临界 CO_2 饱和后煤样的孔径分布明显高于未饱和煤样。Zhang 等[59]使用原位同步 X 射线层析成像系统观察到超临界 CO_2 能够抽提和溶蚀充填于孔隙内的某些有机物和无机物,这可能是上述实验结果的原因。此外,从累计孔体积曲线可以明显看出,在大孔段超临界 CO_2 饱和后煤样的累计孔体积曲线高于未饱和煤样,而在介孔段这种现象相对不明显。

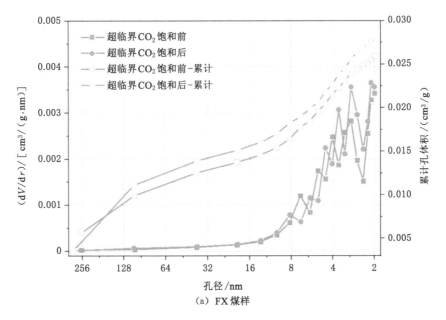

图 2-10 基于低温氮气吸附法获得的超临界 CO_2 饱和前后煤样的孔径分布

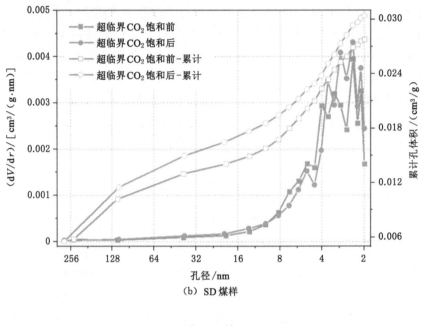

（b）SD 煤样

图 2-10（续）

为了进一步定量分析超临界 CO_2 饱和对于煤样孔隙分布的影响，基于国际纯粹与应用化学联合会的孔隙分类，笔者总结了基于低温氮气吸附法获得的超临界 CO_2 饱和前后煤样的孔隙参数，如表 2-2 所示。

表 2-2　基于低温氮气吸附法获得的超临界 CO_2 饱和前后煤样的孔隙参数

煤样	介孔孔体积 /(cm^3/g)	介孔孔体积 比例/%	大孔孔体积 /(cm^3/g)	大孔孔体积 比例/%	总孔体积 /(cm^3/g)
超临界 CO_2 饱和前 FX 煤样	0.016 0	61.70	0.009 9	38.30	0.025 9
超临界 CO_2 饱和后 FX 煤样	0.017 0	60.42	0.011 1	39.58	0.028 1
超临界 CO_2 饱和前 SD 煤样	0.017 6	63.31	0.010 2	36.69	0.027 8
超临界 CO_2 饱和后 SD 煤样	0.018 9	62.17	0.011 5	37.86	0.030 4

从表 2-2 中可以看出，FX 煤样的总孔体积略小于 SD 煤样，而大孔孔体积比例却略高于 SD 煤样。例如，超临界 CO_2 饱和前，FX 煤样的总孔体积为 0.025 9 cm^3/g，小于 SD 煤样的总孔体积（0.027 8 cm^3/g）。而对于大孔孔体积比例，FX 煤样达到了 38.30%，高出 SD 煤样的大孔孔体积比例 1.69%。另外，超临界 CO_2 饱和后 FX 煤样和 SD 煤样的总孔体积分别增加了 8.49% 和 9.35%。这种现象可以归因为：① 超临界 CO_2 是一种有效的有机溶剂，能够提取煤孔隙内的一些多环芳烃和脂肪烃，最终增加了煤样的孔体积[60-61]；② CO_2 可以与煤层中的水形成碳酸，碳酸可以溶解煤孔隙中充填的一些无机矿物质，如方解石、白云石

和菱镁石[62]。此外,笔者还发现了一个值得注意的实验现象:超临界 CO_2 饱和后,煤样的介孔孔体积增加,而介孔孔体积比例却减小。例如,超临界 CO_2 饱和后 FX 煤样的介孔孔体积比例从 61.70% 降低到 60.42%,而介孔孔体积却增加了 $0.001\ cm^3/g$。对于 SD 煤样也观察到了同样的实验现象,超临界 CO_2 饱和后,其介孔孔体积比例降低了 1.14%,但介孔孔体积却增加了 $0.001\ 3\ cm^3/g$。这可能是由于一部分介孔转化为大孔,导致了介孔孔体积比例的降低,但与此同时,由于超临界 CO_2 的溶解和抽提效应,又有新的介孔出现。Zhang 等[53]的研究指出,某些有机物和无机物通常存在于煤样的孔隙壁面和孔喉处。当超临界 CO_2 抽提和溶蚀这些物质后,这些较小的孔隙就可能转化为较大的孔隙。根据超临界 CO_2 饱和前后煤样的孔隙参数变化特征,这一解释得到了证实。例如,从表 2-2 中可以看出,超临界 CO_2 饱和后 FX 煤样的大孔孔孔体积和大孔孔体积比例分别增加了 $0.001\ 2\ cm^3/g$ 和 1.28%。

2.3.2 基于压汞法的煤体孔隙分布表征

图 2-11 为基于压汞法获得的超临界 CO_2 饱和前后 FX 煤样和 SD 煤样的孔径分布。从图 2-11 中可以看出,所有煤样的孔径均呈现双峰分布,并且介孔处的峰值更高,表明煤中孔隙以中小孔为主,这也与低温氮气吸附实验获得的孔径分布结果一致。然而低温氮气吸附实验只观察到一个峰的存在,这可能是低温氮气吸附实验只能测试 300 nm 以下的孔隙所造成的。此外,煤样在超临界 CO_2 饱和后的孔径分布明显高于未饱和煤样,该结果与前文中低温氮气吸附实验获得的超临界 CO_2 饱和前后煤样孔径分布一致,再次佐证了超临界 CO_2 饱和会导致煤样的孔隙数量和孔隙尺寸的增大。

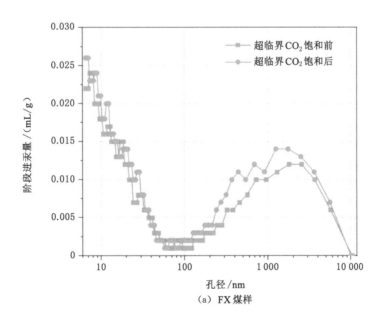

图 2-11 基于压汞法获得的超临界 CO_2 饱和前后煤样的孔径分布

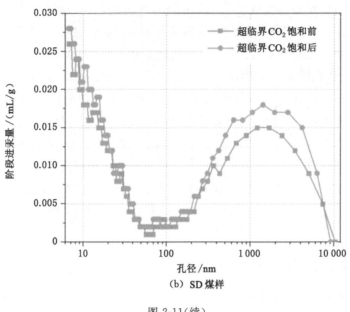

（b）SD 煤样

图 2-11（续）

表 2-3 总结了基于压汞法获得的超临界 CO_2 饱和前后煤样的孔隙参数。从表 2-3 中可以看出，FX 煤样和 SD 煤样相比，总孔体积略小，而介孔孔体积比例更高，但整体而言，FX 煤样和 SD 煤样具有相似的孔径分布和总孔体积。此外，超临界 CO_2 饱和后 FX 煤样和 SD 煤样的孔隙参数变化也具有一致性。例如，超临界 CO_2 饱和后，FX 煤样的介孔孔体积从 0.070 7 cm^3/g 增加到 0.078 0 cm^3/g，增加了 0.007 3 cm^3/g；SD 煤样的介孔孔体积则从 0.073 6 cm^3/g 增加到 0.083 9 cm^3/g，增加了 0.010 3 cm^3/g。对于大孔孔体积，超临界 CO_2 饱和后 FX 煤样和 SD 煤样也呈现类似变化趋势，分别增加了 0.003 9 cm^3/g 和 0.005 2 cm^3/g。整体而言，压汞实验结果表明，超临界 CO_2 饱和后促进了煤中孔隙的发育，且饱和后煤样大孔孔体积比例有一定程度增加。

表 2-3　基于压汞法获得的超临界 CO_2 饱和前后煤样的孔隙参数

煤样	介孔孔体积 /(cm^3/g)	介孔孔体积 比例/%	大孔孔体积 /(cm^3/g)	大孔孔体积 比例/%	总孔体积 /(cm^3/g)
超临界 CO_2 饱和前 FX 煤样	0.070 7	82.59	0.014 9	17.41	0.085 6
超临界 CO_2 饱和后 FX 煤样	0.078 0	80.58	0.018 8	19.42	0.096 8
超临界 CO_2 饱和前 SD 煤样	0.073 6	78.46	0.020 2	21.54	0.093 8
超临界 CO_2 饱和后 SD 煤样	0.083 9	76.76	0.025 4	23.24	0.109 3

2.3.3　基于低场核磁共振法的煤体孔隙分布表征

超临界 CO_2 饱和前后 FX 煤样和 SD 煤样的 T_2 分布曲线如图 2-12 所示。煤样低场核磁共振的 T_2 分布范围为 0.01～10 000 ms，该分布曲线可以一定程度上反映煤样的孔隙参数。

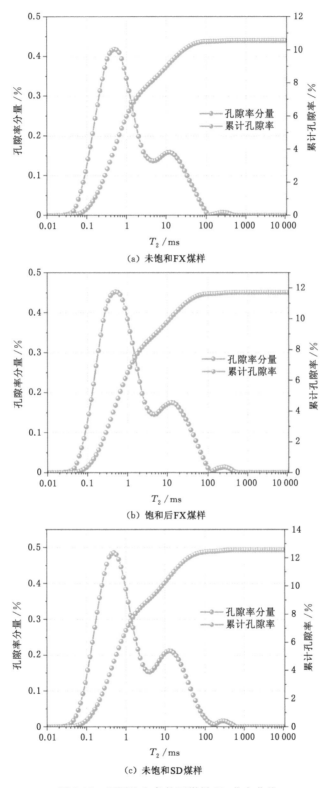

（a）未饱和FX煤样

（b）饱和后FX煤样

（c）未饱和SD煤样

图 2-12　不同饱和条件下煤样 T_2 分布曲线

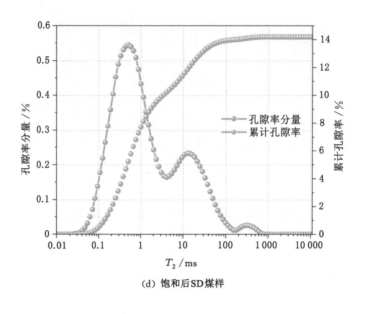

（d）饱和后SD煤样

图 2-12（续）

从图 2-12 中可以看出所有煤样的 T_2 曲线均呈现相似的分布趋势:主要呈三峰分布,这三个峰分别分布在 0.01～1 ms,10～100 ms,100～1 000 ms 这三段区间内。根据 T_2 谱连续不间断的分布形态可以看出,FX 煤样和 SD 煤样中存在不同尺寸的孔隙。另外,连续的 T_2 谱反映了煤样的各阶段孔隙有着良好的连通性。此外,煤样的累计孔隙率在 T_2 小于 100 ms 时快速增加,表明所测煤样的孔隙以中小孔为主,这也与低温氮气吸附实验和压汞实验得到的结论一致。

根据前人的研究[63],对于低阶烟煤,横向表面弛豫强度 ρ 可以取值 2.1 nm/ms,以获得煤样的孔径分布。图 2-13 为基于低场核磁共振法获得的超临界 CO_2 饱和前后 FX 煤样和 SD 煤样的孔径分布规律。由图 2-13 可以看出,超临界 CO_2 饱和后煤样的孔径分布曲线均高于未饱和煤样,说明超临界 CO_2 饱和导致煤样形成了新的孔隙和裂隙。为了进一步定量分析超临界 CO_2 饱和对于煤体孔隙分布的影响,笔者从图 2-13 中提取出超临界 CO_2 饱和前后微孔、介孔和大孔孔体积比例等煤孔隙结构关键参数,并汇总于表 2-4。由表 2-4 可以看出,SD 煤样的孔隙率略高于 FX 煤样,而微孔和介孔孔体积比例低于 FX 煤样。此外,煤样的微孔和介孔孔体积比例占总孔体积的 82.65％～85.75％,这也与前述章节中低温氮气吸附实验和压汞实验所测结果一致。超临界 CO_2 饱和后,同样观察到煤样的孔隙率增加。例如,超临界 CO_2 饱和后 FX 煤样的孔隙率从 10.563 5％增加到 11.729 2％,而 SD 煤样的孔隙率也增加了 1.632 3％（从 12.569 0％增加至 14.201 3％）。

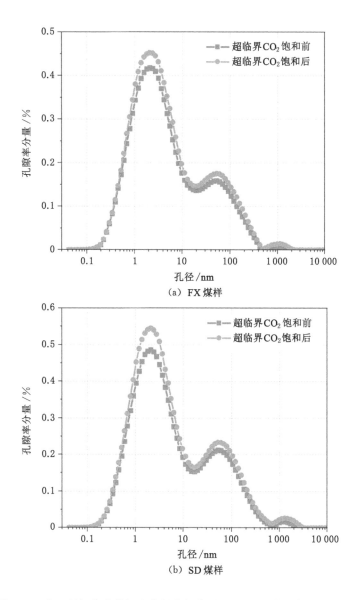

图 2-13 基于低场核磁共振法获得的超临界 CO_2 饱和前后煤样的孔径分布

表 2-4 基于低场核磁共振法获得的超临界 CO_2 饱和前后煤样孔隙参数变化情况

煤样	微孔孔体积比例/%	介孔孔体积比例/%	大孔孔体积比例/%	孔隙率/%
超临界 CO_2 饱和前 FX 煤样	34.39	51.36	14.25	10.563 5
超临界 CO_2 饱和后 FX 煤样	33.55	51.04	15.41	11.729 2
超临界 CO_2 饱和前 SD 煤样	33.28	49.37	17.36	12.569 0
超临界 CO_2 饱和后 SD 煤样	33.12	48.74	18.13	14.201 3

2.4 超临界 CO_2 饱和对煤体孔隙分形维数的影响

2.4.1 基于低温氮气吸附法的煤体孔隙分形维数

煤中的孔隙通常分布在三维空间中,由于理论上的局限性,传统的几何方法无法准确反映其异质性。目前,普遍采用分形理论这一非线性数学方法来描述孔隙结构的各向异性和复杂性。前人的研究[64-66]表明,煤样的孔隙网络具有高度的分形特征,且使用分形维数能够定量地表征煤样孔隙表面的复杂性和粗糙度。

根据 Avnir 方程可以计算固体多孔介质的表面分形维数[67]:

$$\frac{V}{V_0} = \frac{N}{N_m} = K\left[\ln\left(\frac{p_0}{p}\right)\right]^{D-3} \tag{2-7}$$

式中 V——在相对压力为 p/p_0 时的氮气的吸附量,cm^3/g;

V_0——单分子层吸附量,cm^3/g;

p——氮气吸附时的分压;

p_0——在 -196.56 ℃时氮气的饱和蒸气压;

N——气体的当量浓度;

N_m——标准压力和温度下的气体当量浓度;

N/N_m——表面吸附层的数目;

K——特征常数;

D——有吸附发生时多孔介质表面的分形维数。

对式(2-7)两边同时取对数,可得:

$$\ln V = C + A\left\{\ln\left[\ln\left(\frac{p_0}{p}\right)\right]\right\} \tag{2-8}$$

式中 A——线性相关系数,无量纲;

C——拟合常数。

A 与分形维数 D 的关系可以表示为:

$$A = D - 3 \tag{2-9}$$

上述模型即 Frenkel-Halsey-Hill(FHH)模型,该模型目前被认为是基于低温氮气吸附法计算煤样分形维数时最有效且应用最广泛的方法[65]。

前人的研究证明 FHH 分形曲线在 $p/p_0 = 0.5$ 时有一个分界点,分形曲线被分为两个阶段。第一阶段($0 < p/p_0 < 0.5$)计算获得的分形维数 D_{L1} 用于表征煤中较小孔隙(吸附孔)的表面粗糙度,而第二阶段($0.5 < p/p_0 < 1$)计算获得的分形维数 D_{L2} 可量化为较大孔隙(渗流孔)的结构不规则性[43,57,68-69]。以 $\ln[\ln(p_0/p)]$ 为横坐标,$\ln V$ 为纵坐标,对实验数据进行散点作图,然后进行线性拟合,就可以得到煤样的分形维数。

超临界 CO_2 饱和前后 FX 煤样和 SD 煤样的 $\ln V$ 和 $\ln[\ln(p_0/p)]$ 关系如图 2-14 所示。根据式(2-9)可以拟合计算获得煤样的吸附孔分形维数(D_{L1})和渗流孔分形维数(D_{L2}),并

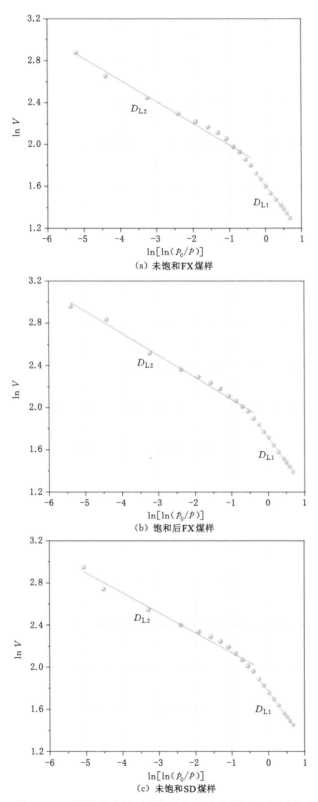

图 2-14 不同饱和条件下煤样的 $\ln V$ 和 $\ln[\ln(p_0/p)]$ 关系

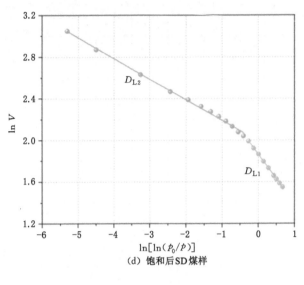

(d) 饱和后 SD 煤样

图 2-14(续)

分别汇总于表 2-5 和表 2-6。由表 2-5 和表 2-6 可以看出,煤样吸附孔分形维数(D_{L1})和渗流孔分形维数(D_{L2})分别介于 2.525 9~2.551 4 和 2.790 9~2.809 9 之间,并且 ln V 和 ln[ln(p_0/p)]的相关系数的平方 R^2 均大于 0.98,说明所测煤样孔隙结构具有较强的分形特征。

表 2-5　基于低温氮气吸附法获得的煤样吸附孔分形维数(D_{L1})拟合结果

煤样	拟合方程	R^2	D_{L1}
超临界 CO_2 饱和前 FX 煤样	$y = -0.448\ 6x + 1.606\ 7$	0.998 8	2.551 4
超临界 CO_2 饱和后 FX 煤样	$y = -0.468\ 7x + 1.714\ 6$	0.999 3	2.531 3
超临界 CO_2 饱和前 SD 煤样	$y = -0.466\ 6x + 1.766\ 5$	0.999 6	2.533 4
超临界 CO_2 饱和后 SD 煤样	$y = -0.474\ 1x + 1.865\ 2$	0.999 7	2.525 9

表 2-6　基于低温氮气吸附法获得的煤样渗流孔分形维数(D_{L2})拟合结果

煤样	拟合方程	R^2	D_{L2}
超临界 CO_2 饱和前 FX 煤样	$y = -0.206\ 5x + 1.789\ 1$	0.984 4	2.793 5
超临界 CO_2 饱和后 FX 煤样	$y = -0.209\ 1x + 1.868\ 5$	0.991 0	2.790 9
超临界 CO_2 饱和前 SD 煤样	$y = -0.190\ 1x + 1.947\ 4$	0.981 0	2.809 9
超临界 CO_2 饱和后 SD 煤样	$y = -0.198\ 7x + 1.991\ 4$	0.996 9	2.801 3

分析超临界 CO_2 饱和前后煤样分形维数的变化可以发现,饱和后煤样的吸附孔分形维数(D_{L1})和渗流孔分形维数(D_{L2})有所减小。例如,超临界 CO_2 饱和前 FX 煤样和 SD 煤样的吸附孔分形维数(D_{L1})分别为 2.551 4 和 2.533 4,而超临界 CO_2 饱和后分别减小

至 2.531 3 和 2.525 9,减小了 0.020 1 和 0.007 5,如表 2-5 所示。对于渗流孔分形维数 (D_{L2}),超临界 CO_2 饱和后 FX 煤样和 SD 煤样分别减小了 0.002 6 和 0.008 6,如表 2-6 所示。上述实验结果说明超临界 CO_2 饱和后煤样表面的复杂度降低,这与 Gathitu 等[70]研究结论一致,他们使用扫描电镜观察到超临界 CO_2 处理后的煤样的表面变得更加平滑。此外,还可以看出,在任何饱和条件下,煤样的吸附孔分形维数 (D_{L1}) 均小于渗流孔分形维数 (D_{L2}),这说明所测煤样渗流孔的非均匀性大于吸附孔的非均匀性。

2.4.2 基于压汞法的煤体孔隙分形维数

20 世纪 80 年代,Friesen 和 Mikula[71]通过对压汞实验过程中 dV、dp 和分形维数 D 的分析,提出了基于压汞法的煤样分形维数计算方法,具体推导过程如下。

根据 Washburn 方程可以得到汞压力与对应孔径的关系[72]:

$$p = \frac{2\sigma\cos\theta}{r} \tag{2-10}$$

式中 p——汞压力;

σ——汞的表面张力;

θ——汞与煤样的接触角;

r——孔径,nm。

基于比例法则可得到孔径分布 dV/dr 与表面分形维数 D 的关系[73]:

$$\frac{dV}{dr} \propto r^{2-D} \tag{2-11}$$

式中 dV/dr——孔径分布;

D——表面分形维数。

联立式(2-10)和式(2-11)可得:

$$\frac{dV}{dp} \propto p^{D-4} \tag{2-12}$$

对式(2-12)两边同时取对数,可得:

$$\ln\left(\frac{dV}{dp}\right) \propto (D-4)\ln p \tag{2-13}$$

式中 V——孔隙体积,cm^3/g,其数值可通过累计进汞量计算。

显然,分形维数 D 可以通过 $\ln(dV/dp)$ 和 $\ln p$ 关系曲线的斜率求出。需要特别指出的是,考虑压汞过程中高压汞对煤孔隙结构的压缩作用会使分形维数的计算产生偏差,因此本书仅计算渗流孔(孔径大于 50 nm)的分形维数。

超临界 CO_2 饱和前后 FX 煤样和 SD 煤样的 $\ln p$ 和 $\ln(dV/dp)$ 关系如图 2-15 所示。根据式(2-13)可以拟合计算获得煤样的渗流孔分形维数 (D_M),并汇总于表 2-7。由图 2-15 和表 2-7 可以看出,煤样的渗流孔分形维数 (D_M) 介于 2.970 6～2.980 1 之间,并且 $\ln p$ 和 $\ln(dV/dp)$ 的相关系数的平方 R^2 均大于 0.93,说明所测煤样的渗流孔较为复杂并且具有较强的分形特征。此外,对比分析超临界 CO_2 饱和前后煤样分形维数变化情况可以发现,饱

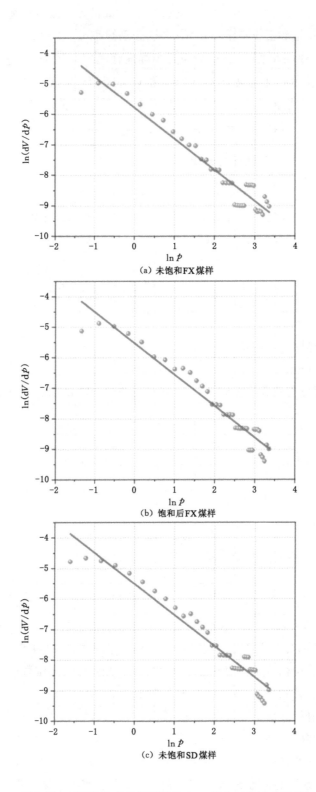

(a) 未饱和FX煤样

(b) 饱和后FX煤样

(c) 未饱和SD煤样

图 2-15　不同饱和条件下煤样的 $\ln p$ 和 $\ln(\mathrm{d}V/\mathrm{d}p)$ 关系

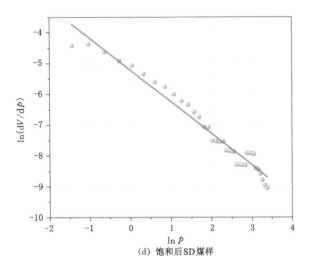

(d) 饱和后 SD 煤样

图 2-15(续)

和后 FX 煤样和 SD 煤样的渗流孔分形维数(D_M)有不同程度降低。具体而言,超临界 CO_2 饱和后 FX 煤样的渗流孔分形维数(D_M)从 2.978 6 降低至 2.970 6;对于 SD 煤样,超临界 CO_2 饱和导致渗流孔分形维数(D_M)减小了 0.007 3(从 2.980 1 减小到 2.972 8)。

表 2-7 基于压汞法获得的煤样渗流孔分形维数(D_M)拟合结果

煤样	拟合方程	R^2	D_M
超临界 CO_2 饱和前 FX 煤样	$y = -1.021\,4x - 5.787\,0$	0.935 2	2.978 6
超临界 CO_2 饱和后 FX 煤样	$y = -1.029\,4x - 5.526\,4$	0.940 4	2.970 6
超临界 CO_2 饱和前 SD 煤样	$y = -1.019\,9x - 5.502\,1$	0.942 8	2.980 1
超临界 CO_2 饱和后 SD 煤样	$y = -1.027\,2x - 5.212\,5$	0.962 9	2.972 8

2.4.3 基于低场核磁共振法的煤体孔隙分形维数

基于低场核磁共振实验的测试原理,可以得到煤样横向弛豫时间 T_2 在均匀磁场中的表达式[49]:

$$\frac{1}{T_2} = \frac{1}{T_{2B}} + \rho\left(\frac{S}{V}\right) + \frac{D(\gamma G T_E)^2}{12} \tag{2-14}$$

式中 T_2 ——煤样横向弛豫时间,ms;

T_{2B} ——流体的体积弛豫时间,ms;

$1/T_{2B}$ ——横向体积弛豫;

ρ ——煤样的横向表面弛豫强度,$\mu m/ms$;

V ——煤样孔隙体积,cm^3;

S ——煤样孔隙表面积,cm^2;

$\rho(S/V)$——横向表面弛豫；

D——扩散系数，$\mu m^2/ms$；

G——磁场梯度，$10^{-4}/cm$；

T_E——回波间隔，ms；

γ——磁旋比；

$D(\gamma G T_E)^2/12$——扩散弛豫。

通常流体的体积弛豫时间 T_{2B} 数值在 3 000 ms 以上，而煤样横向弛豫时间 T_2 与 T_{2B} 相比小得多。因此，可以将横向体积弛豫 $1/T_{2B}$ 这一项省略。另外，扩散弛豫 $D(\gamma G T_E)^2/12$ 在磁场均匀的前提下和回波间隔 T_E 足够短时，也可省略不计。综上所述，式（2-14）可化简为：

$$\frac{1}{T_2} = \rho\left(\frac{S}{V}\right) = \frac{F_s \rho}{r} \tag{2-15}$$

式中　ρ——横向表面弛豫强度，$\mu m/ms$；

S——孔隙表面积，cm^2；

T_2——横向弛豫时间，ms；

V——孔隙体积，cm^3；

F_s——孔隙形状因子（对于球状孔隙，F_s 取 3；对于柱状孔隙，F_s 取 2；对于裂隙，F_s 取 1）；

r——煤体孔隙的孔径。

而毛管压力 p_C 与横向弛豫时间 T_2 存在如下关系[74]：

$$p_C = C\frac{1}{T_2} \tag{2-16}$$

式中　C——转换常数，可通过 $C = \left|\dfrac{2\sigma\cos\theta}{F_s\rho}\right|$ 计算求得；

p_C——煤样孔径为 r 时对应的毛管压力。

由式（2-16）可知，横向弛豫时间 T_2 和毛管压力 p_C 是相对应的，且 P_{Cmin} 与 T_{2max} 相对应：

$$P_{Cmin} = C\frac{1}{T_{2max}} \tag{2-17}$$

秦雷[75]、Yao 等[76]的研究表明，煤体中毛管压力与分形维数的关系为：

$$w = \left(\frac{p_C}{p_{Cmin}}\right)^{D_N-3} \tag{2-18}$$

式中　w——累计孔隙体积（$<T_2$ 时）与总孔隙体积之比；

p_{Cmin}——煤样中最大孔径相对应的毛管压力；

D_N——煤样的分形维数。

将式（2-16）和式（2-17）代入式（2-18）可得：

$$w = \left(\frac{T_{2max}}{T_2}\right)^{D_N-3} \tag{2-19}$$

将式(2-19)两边取对数,即可得到核磁共振 T_2 谱的煤样分形维数模型:

$$\lg w = (3 - D_N)\lg T_2 + (D_N - 3)\lg T_{2max} \qquad (2\text{-}20)$$

根据式(2-20)可知,通过对 $\lg w$ 与 $\lg T_2$ 进行线性回归分析,即可计算分形维数和判断煤样的分形特征。

由于吸附主要发生在煤样的微孔和介孔,而大孔主要控制气体的渗流,因此,本节将 50 nm 作为分界点,该点将 $\lg w$ 和 $\lg T_2$ 的关系曲线分为两个部分,然后对这两个部分分别进行线性拟合即可获得吸附孔隙表面分形维数(D_{N1})和渗流孔隙体积分形维数(D_{N2})。

根据式(2-20),对 $\lg w$ 和 $\lg T_2$ 的关系曲线进行线性拟合并获得不同饱和条件下煤样的分形维数,如图 2-16 和表 2-8、表 2-9 所示。可以看出,基于低场核磁共振法获得的煤样吸附孔隙表面分形维数(D_{N1})在 1.551 3~1.605 9 之间,而渗流孔隙体积分形维数(D_{N2})在 2.962 9~2.968 5 范围内。另外,渗流孔隙体积分形维数(D_{N2})均大于吸附孔隙表面分形维数(D_{N1}),这说明渗流孔的孔隙分布比吸附孔的孔隙分布复杂。同样地,渗流孔隙体积分形维数拟合方程的相关系数的平方 R^2(0.737 7~0.775 2)也大于吸附孔隙表面分形维数拟合方程的相关系数的平方 R^2(0.738 3~0.741 9),这说明吸附孔比渗透孔具有更明显的分形特征。由表 2-8 和表 2-9 可以看出,超临界 CO_2 饱和后煤样的吸附孔隙表面分形维数(D_{N1})和渗流孔隙体积分形维数(D_{N2})均呈现降低趋势,这也与低温氮气吸附实验和压汞实验获得的结果一致。根据 2.2 节和 2.3 节的实验结果,超临界 CO_2 饱和后煤样的孔隙形态发生了变化,如一些微孔和介孔转化为大孔。Yao 等[76] 的研究发现,煤样中微孔比例的减少使得孔隙表面更加平坦和规则。因此,超临界 CO_2 饱和后煤样的分形维数减小。

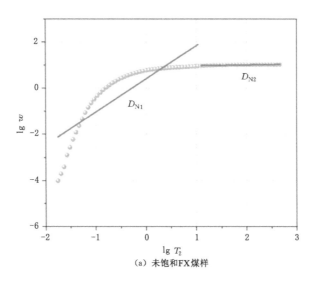

(a) 未饱和 FX 煤样

图 2-16　不同饱和条件下煤样的 $\lg w$ 与 $\lg T_2$ 关系

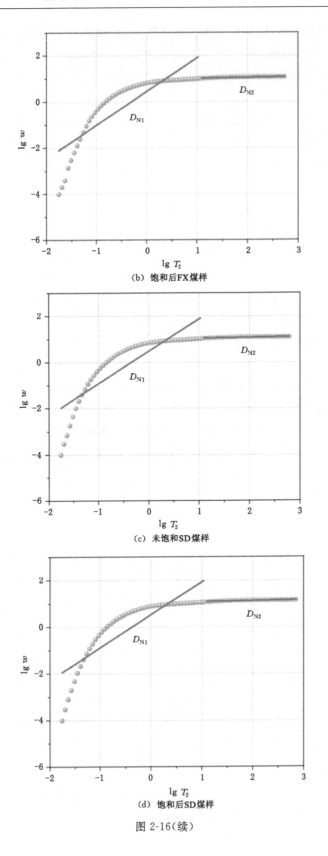

(b) 饱和后FX煤样

(c) 未饱和SD煤样

(d) 饱和后SD煤样

图 2-16(续)

表 2-8 基于低场核磁共振法获得的煤样吸附孔隙表面分形维数 (D_{N1}) 拟合结果

煤样	拟合方程	R^2	D_{N1}
超临界 CO_2 饱和前 FX 煤样	$y=1.4367x+0.4119$	0.7400	1.5633
超临界 CO_2 饱和后 FX 煤样	$y=1.4487x+0.4459$	0.7419	1.5513
超临界 CO_2 饱和前 SD 煤样	$y=1.3941x+0.4809$	0.7383	1.6059
超临界 CO_2 饱和后 SD 煤样	$y=1.1055x+0.5284$	0.7385	1.5948

表 2-9 基于低场核磁共振法获得的煤样渗流孔隙体积分形维数 (D_{N2}) 拟合结果

煤样	拟合方程	R^2	D_{N2}
超临界 CO_2 饱和前 FX 煤样	$y=0.0315x+0.9515$	0.7377	2.9685
超临界 CO_2 饱和后 FX 煤样	$y=0.0336x+0.9901$	0.7564	2.9664
超临界 CO_2 饱和前 SD 煤样	$y=0.0361x+1.0124$	0.7509	2.9639
超临界 CO_2 饱和后 SD 煤样	$y=0.0371x+1.0603$	0.7752	2.9629

2.4.4 不同测试方法获得的分形维数对比

图 2-17 为不同方法获得的超临界 CO_2 饱和前后煤样分形维数。由图 2-17 可以看出，低温氮气吸附法、压汞法和低场核磁共振法获得的超临界 CO_2 饱和后煤样的分形维数均呈现降低趋势，这再次佐证了超临界 CO_2 对于煤体孔隙表面的改造作用。不同方法获得的 SD 煤样分形维数基本都大于 FX 煤样，只有低场核磁共振法获得的 SD 煤样渗流孔分形维数 D_{N2} 不符合前述规律，这说明 SD 煤样整体的孔隙复杂度高于 FX 煤样。

此外，压汞法获得的渗流孔分形维数 D_M 和低场核磁共振法获得的渗流孔分形维数 D_{N2} 相差不大，且二者皆大于低温氮气吸附法获得的分形维数 D_{L2}（描述大孔结构不规则性）。这可能是压汞法、低场核磁共振法和低温氮气吸附法所计算的孔径范围不同造成的：D_{L2} 计算时采用 $p/p_0=0.5$ 作为分界点，对应的孔径约为 5 nm，且由于低温氮气吸附法的限制，不能测得 300 nm 以上的孔隙，因此 D_{L2} 计算的孔径范围为 5～300 nm；而 D_M 和 D_{N2} 计算的孔径范围为 50 nm 以上，显然包含更多的孔隙和裂隙特征。此外，低场核磁共振法得到的渗流孔分形维数 D_{N2} 大于吸附孔分形维数 D_{N1}，低温氮气吸附法也得到了类似的实验结果。这说明对于所测煤样，其渗流孔与吸附孔相比，孔结构更加复杂，表面更加粗糙。

综上所述，低温氮气吸附法、压汞法和低场核磁共振法都能够有效地分析超临界 CO_2 饱和对于煤体孔隙形态的影响。三种方法获得的分形维数虽然在数值上有差异，但整体变化趋势一致，这证明了采用这三种方法获得的实验结果有较高的可靠性。

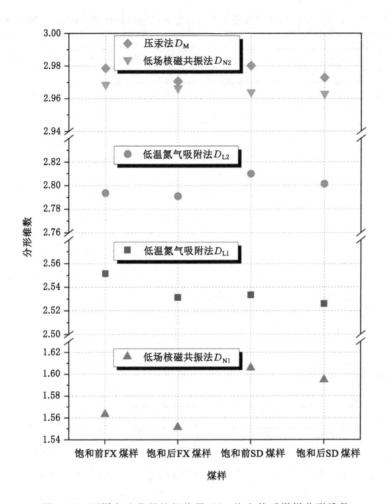

图 2-17   不同方法获得的超临界 CO_2 饱和前后煤样分形维数

3 超临界 CO₂ 作用下烟煤力学性质响应及劣化规律

煤体的力学性质在注 CO_2 强化煤层气开采过程中扮演着重要角色。例如,水平井的稳定性、煤储层的渗透率演化、固井和完井策略等都与煤层的力学性质息息相关[77-78]。前人的研究[79-82]表明,煤层吸附 CO_2 会导致其力学强度降低,这无疑会给注 CO_2 强化煤层气开采工程带来巨大的安全隐患。这是因为目标煤层的力学性质可能会因 CO_2 引起的煤强度降低而受到严重破坏,从而加速煤层中气体的流动,导致 CO_2 的突破时间大大缩短,甚至泄露到邻近层。因此,深入研究超临界 CO_2 注入后烟煤力学强度的劣化规律及相互作用机理具有重要的工程意义。

本章以鄂尔多斯盆地和阜新盆地的烟煤为研究对象,采用高压地质环境模拟系统对煤样进行不同相态(次临界态与超临界态)和不同时间的超临界 CO_2 饱;通过力学性能实验、核磁共振实验、声发射实验等获得超临界 CO_2 作用下烟煤力学性质响应规律;从微观和宏观角度分析超临界 CO_2 对烟煤性质劣化的作用规律,为深部烟煤储层的强化煤层气开采与 CO_2 封存提供理论基础。

3.1 实验仪器及研究方案

3.1.1 煤样筛选

煤体是一种典型的包含孔隙和裂隙的天然沉积岩,其沉积历史、孔裂隙分布、组成成分的差异会导致其物理化学性质的各向异性[83-86]。笔者为了避免煤样各向异性对本章实验结果的影响,特采用以下三个步骤对煤样进行筛选。

① 所使用煤样尺寸为 $\phi50$ mm×100 mm,均钻取自同一大块煤体,以确保煤样组成成分的相近性,同时进行视觉检查以排除有明显裂隙的煤样。

② 使用 ZBL-U5100 型非金属超声波探测仪(图 3-1)获取煤样的纵波速度,从而选择各向异性最小的样品。成林等[87]指出,煤岩声波测试技术基于煤岩体内的超声波传播特性可以有效表征煤体的微观结构特征,因此可以使用该技术对实验煤样进行筛选,以减小煤样各向异性对于实验结果的影响。ZBL-U5100 型非金属超声波探测仪采用 CP50 型平面换能器,能够对煤样进行快速采样,其主要技术指标如表 3-1 所示。图 3-2 为 SD 煤样和 FX 煤样的纵波波速测试结果。由图 3-2(a)可以看出,大部分 SD 煤样的波速为 2 km/s 左右,因此选择波速为 (2±0.1) km/s 范围内的煤样。而 FX 煤样的波速分布与 SD 煤样相比,其各向异性相对较弱,且大部分煤样的纵波波速为 2.1 km/s 左右,因此选

择波速为（2.1±0.5）km/s 范围内的煤样。

图 3-1　煤样波速测试装置

表 3-1　ZBL-U5100 型非金属超声波探测仪主要技术指标

参数	数值	参数	数值
声时测读精度/μs	0.025	系统最大动态范围/dB	154
增益调整精度/dB	0.5	幅值测量误差/dB	≤1
接收灵敏度/pV	≤10	采样周期/μs	0.025～409.6
波形点数	512～409 6	发射电压/V	65～1 000
频带宽度/kHz	1～250		

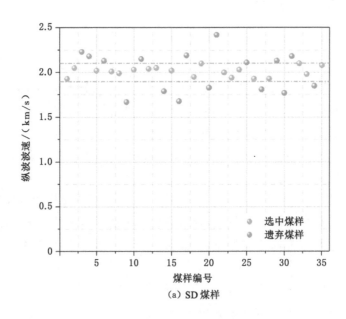

（a）SD 煤样

图 3-2　煤样的纵波波速测试结果

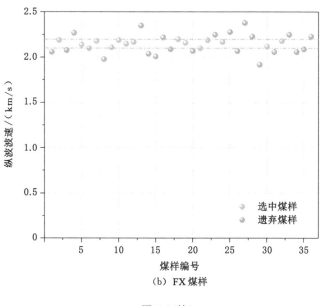

（b）FX 煤样

图 3-2（续）

③ 使用 MacroMR12-150H-I 型核磁共振岩心分析仪进一步分析孔隙结构分布相似的煤样。实验结果如图 3-3 所示，可以看出 SD 煤样和 FX 煤样的 T_2 曲线均呈现三峰分布，这表明煤样内部存在着不同尺寸的孔隙和裂隙。笔者基于上述实验结果，最终选择了 T_2 曲线分布最为接近的煤样（橙色线）进行实验。

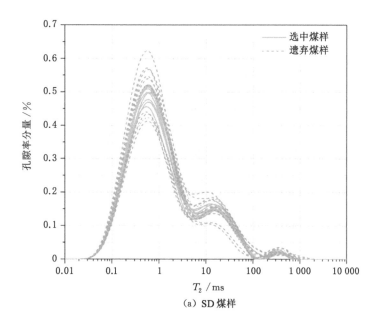

（a）SD 煤样

图 3-3 煤样的 T_2 曲线分布

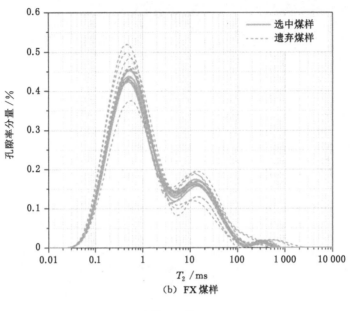

(b) FX 煤样

图 3-3(续)

经过上述三个步骤筛选,实验所使用煤样的初始纵波速度和孔隙结构相似,因此认为煤样各向异性对实验结果的影响降至最低。

3.1.2 实验方案

本章开展的超临界 CO_2 注入烟煤力学性质响应实验仍使用高压地质环境模拟系统,该模拟系统已经在本书的第 1 章进行了详细介绍,在此不再赘述,仅介绍超临界 CO_2 饱和过程与方案。在整个实验过程中,恒温水浴温度一直维持在 35 ℃,以确保实验过程中 CO_2 处于超临界态。在每次进行 CO_2 饱和之前,先对煤样进行 24 h 的抽真空处理,脱气条件为 50 ℃ 和 4 Pa。每次实验后,将反应容器以 0.05 MPa/min 的速度缓慢减压至大气压,以避免压力的突然变化对煤样的物理结构产生影响[88]。对筛选过的 FX 煤样进行不同相态(次临界态和超临界态)的 CO_2 和 N_2 饱和,同时对筛选过的 SD 煤样进行不同时间的超临界 CO_2 饱和,FX 煤样和 SD 煤样的具体饱和方案如表 3-2 和表 3-3 所示。

表 3-2　FX 煤样饱和方案

编号	饱和时间	饱和气体	饱和压力/MPa	饱和温度/℃
1	未饱和			
2	9 天	CO_2	3(次临界)	35
3	9 天	CO_2	6(次临界)	35
4	9 天	CO_2	9(超临界)	35
5	9 天	CO_2	12(超临界)	35
6	9 天	He	9	35

表 3-3　SD 煤样饱和方案

编号	饱和时间	饱和压力/MPa	饱和温度/℃
1	未饱和		
2	超临界 CO₂ 饱和 1 天	8	35
3	超临界 CO₂ 饱和 5 天	8	35
4	超临界 CO₂ 饱和 9 天	8	35
5	超临界 CO₂ 饱和 13 天	8	35

3.1.3　实验设备

低场核磁共振是一种无损且有效的测试煤样品的方法,测试孔径范围为 $0.1 \sim 100\ 000$ nm[89]。使用 Carr-Purcell-Meiboom-Gill 脉冲序列测试可以获得煤样的自旋回波串的衰减信号,而衰减信号反映了煤样中孔隙的尺寸,通过拟合衰减信号曲线可以获得横向弛豫时间(T_2)的分布曲线。前人的研究[49]表明,T_2 和孔径 r 之间的关系为:

$$\frac{1}{T_2} = \rho \frac{S}{V} = F_s \frac{\rho}{r} \tag{3-1}$$

式中　T_2——横向弛豫时间,ms;

ρ——横向表面弛豫强度,μm/ms;

S——孔表面积,cm²;

V——煤的孔隙体积,cm³;

F_s——孔的形状因子;

r——孔径。

采用 MacroMR12-150H-I 型核磁共振岩心分析仪开展超临界 CO₂ 饱和前后煤样的低场核磁共振实验。

煤样的单轴抗压强度使用 AG-250 kN IS 型高精度材料测试机测定,如图 3-4 所示。该仪器能够测定固体材料的抗压强度、变形、弹性模量等基础力学参数,获得固体材料的单轴压缩全应力-应变曲线,其主要技术参数如表 3-4 所示。

图 3-4　煤样单轴抗压强度测试平台

表 3-4　AG-250 kN IS 型高精度材料测试机的主要技术参数

参数	数值	参数	数值
最大轴向荷载/kN	250	加载速率范围/(mm/s)	0.000 5～1 000
刚度/(GN/m)	15	最小数据采集间隔/ms	1.25
荷载测量精度	±0.5%	位移测量精度	±0.1%
加载方式	荷载或位移控制		

　　在单轴压缩测试过程中,采用位移加载控制,加载速率为 0.1 mm/min。同时,还使用了声发射(AE)系统来同步监测与裂纹萌生和破坏相对应的声音信号,采集设备如图 3-5 所示。在煤样的侧面安装了 4 个 Nano30 型传感器,以确保有效地采集数据。为了确保煤样与传感器之间的良好接触,在传感器和样品之间使用黄油作为耦合剂,并用松紧带将传感器固定在适当的位置,如图 3-6 所示。为了避免环境噪声,将阈值设置为 45 dB。AE 系统的参数如表 3-5 所示。

图 3-5　声发射信号采集平台

图 3-6　传感器固定示意图

表 3-5　AE 系统参数

参数	数值
数据传输速率/(MB/s)	132
触发处理能力/Mflops	150
最低噪声阈值/dB	18
频率范围/kHz	$10.0～2.1×10^6$
高速处理速率/(hits/s)	20 000
PDT/μs	100
HDT/μs	200
HLT/μs	400

3.2 不同相态 CO₂ 对烟煤力学特性的影响

3.2.1 不同相态 CO₂ 饱和后煤样孔隙率变化特征

NMR（核磁共振）测得的 T_2 分布可以直接表征煤样的孔隙大小分布，恒定的 T_2 截止值对应固定的孔隙大小，T_2 值与孔隙大小正相关。Zheng 等[63]采用低场核磁共振法、低温氮气吸附法和压汞法对不同煤阶煤样进行了孔隙测量，并得到了不同煤阶煤样的表面弛豫强度。基于上述研究与式(3-1)即可得到不同饱和条件下 6 个煤样的低场核磁共振法测试的 T_2 分布，如图 3-7 和图 3-8 所示。

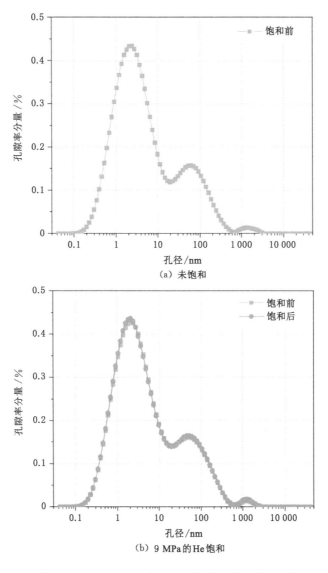

图 3-7 未饱和与 He 饱和前后煤样的孔径分布曲线

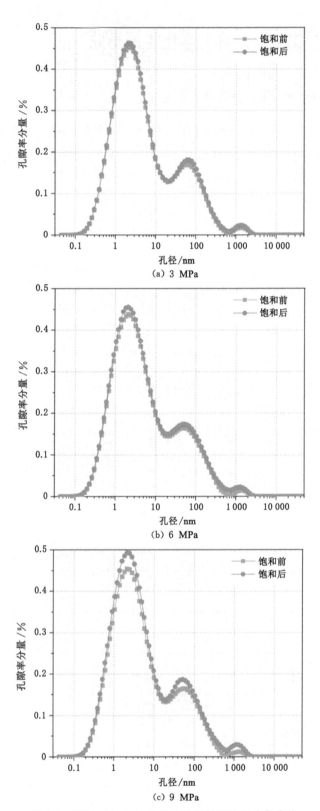

图 3-8　不同压力 CO_2 饱和前后煤样的孔径分布曲线

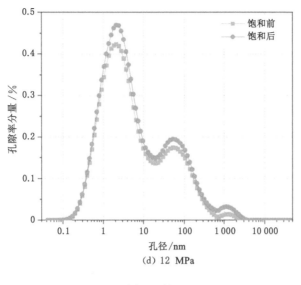

(d) 12 MPa

图 3-8(续)

由图 3-7 和图 3-8 可以看出,不同饱和条件下煤样的孔径分布均呈现类似的趋势,即三峰分布。而最高峰所对应的孔径为 2 nm 左右,表明煤中的孔隙以微孔和介孔为主,这也与之前的研究结论一致[29]。此外,次临界和超临界 CO_2 饱和后煤样的孔径分布曲线均高于饱和前煤样的孔径分布曲线,这说明超临界 CO_2 饱和导致了煤样中孔隙尺寸和数量的增加。值得注意的是,随着 CO_2 饱和压力的增加,这种现象更加明显。上述研究证明了 CO_2 对煤体孔隙结构的改造作用是与 CO_2 饱和压力(即相态)相关的。煤样在 9 MPa 的 He 饱和后,孔隙分布曲线与饱和前的孔隙分布曲线基本重合,这说明 He 对于煤样的孔隙没有改造作用。

表 3-6 总结了不同压力 CO_2/He 饱和前后煤样的孔隙参数。对于 FX 煤样,介孔孔体积占总孔体积的 50% 左右,这为微孔与大孔之间搭建了连通通道,使储集于微孔解吸的煤层气能够顺畅产出,增强了气体的可流动性[90]。由表 3-6 可以看出,饱和条件为 3 MPa 和 6 MPa CO_2 时,饱和后煤样的孔隙率分别增加了 3.90% 和 5.73%;而饱和条件为 9 MPa 和 12 MPa CO_2 时,饱和后煤样的孔隙率分别增加了 10.44% 和 12.07%。产生上述现象的原因为,在超临界状态下,CO_2 是一种良好的有机溶剂,能够萃取煤中一些小分子的有机物,而次临界 CO_2 并不具备这种特性[91]。这些小分子的有机物,如多环芳烃和脂肪烃,通常存在于孔隙的喉道处[53]。当这些有机物被超临界 CO_2 抽提后,原有的孔隙尺寸将会增大,从而导致煤样孔隙率的增加。另外,煤样吸附超临界 CO_2 的量明显高于次临界 CO_2,产生的吸附膨胀更加明显[92]。Karacan[93] 的研究表明,天然煤体具有高度的非均质性,煤样吸附超临界 CO_2 后产生的差异溶胀也会导致新的孔隙产生。上述两方面的综合作用,导致煤中原有孔隙尺寸增大,从而导致超临界 CO_2 饱和后煤样的孔隙率显著增加。此外,CO_2 饱和后煤样的微孔和介孔孔体积占比都有不同程度的降低,而大孔孔体积占比显著增加。而 He 饱和后煤样的总孔隙率有微弱增加,且各阶段孔隙体积占比呈现出不同的变化趋势。在本实验过程中,采用低场核磁共振技术对

煤样的孔隙进行了定量表征,而低场核磁共振实验需要对煤样进行饱水,且实验过后又对煤样进行了干燥。煤样所经历的两次循环润湿-干燥可能是孔隙产生这种变化的原因。

表 3-6 不同压力 CO_2/He 饱和前后煤样的孔隙参数

饱和条件	状态	孔隙率 /%	微孔		介孔		大孔	
			孔体积比例 /%	增长率 /%	孔体积比例 /%	增长率 /%	孔体积比例 /%	增长率 /%
未饱和		10.730 1	33.30		51.26		15.44	
3 MPa-CO_2	饱和前	11.282 5	33.52	−1.47	50.52	−1.14	15.97	6.72
	饱和后	11.722 3	33.02		49.94		17.04	
6 MPa-CO_2	饱和前	11.241 6	33.84	−1.13	51.11	−1.87	15.04	8.92
	饱和后	11.886 3	33.46		50.16		16.38	
9 MPa-CO_2	饱和前	11.227 9	33.61	−1.72	51.47	−1.83	14.92	10.19
	饱和后	12.400 5	33.02		50.53		16.45	
12 MPa-CO_2	饱和前	10.927 6	33.38	−3.85	49.40	−0.84	17.22	9.90
	饱和后	12.246 5	32.10		48.98		18.92	
9 MPa-He	饱和前	10.976 7	33.89	1.27	51.18	−1.80	14.93	3.35
	饱和后	11.1068	34.32		50.26		15.43	

图 3-9 为煤样 CO_2 饱和前后孔隙参数与饱和压力的关系。由图 3-9 可以看出,随着 CO_2 饱和压力的增加,煤样的孔隙率和大孔孔体积比例均呈现增加趋势,并且饱和压力越大,增加幅度越大。例如,当饱和压力为 3 MPa、6 MPa、9 MPa 和 12 MPa 时,与未饱和煤样相比,饱和后煤样的大孔孔体积占比分别增加了 6.72%、8.92%、10.19% 和 9.90%。然而,煤样的微孔和介孔孔体积占比却随饱和压力的增加呈现降低趋势。而且介孔孔体积占比与饱和压力的关系更加复杂,并没有呈现出明显的规律性。正如笔者在上文中所提到的,CO_2 的溶蚀效应和抽提效应会促使一部分微孔转化为介孔,同时一部分介孔转化为大孔。因此,这二者的综合作用决定了介孔孔体积占比的变化趋势以及降低幅度。

3.2.2 煤体力学参数变化特征

单轴抗压强度是指煤样在无围压的条件下破坏时所承受的应力[94-96]。超临界 CO_2 饱和后,煤样的力学性能会发生变化。因此,可以通过比较超临界 CO_2 作用下煤样的单轴抗压强度和弹性模量(E)的变化量来评估煤样力学性能的劣化程度[97]。未饱和煤样和不同 CO_2/He 压力饱和后煤样的应力-应变曲线如图 3-10 所示。由图 3-10 可以看出,在单轴加载的初期,CO_2 饱和后煤样的应变要明显大于未饱和煤样和 He 饱和煤样,这可能与 CO_2 的溶蚀能力和超临界 CO_2 的抽提能力导致煤样微观结构的改变有关。在孔裂隙压密阶段,煤样的应变主要来自原生孔裂隙的压密。而 3.2.1 节中研究表明,饱和后煤样的孔隙率增大,因此其压密阶段的应变大于未饱和煤样和 He 饱和煤样。

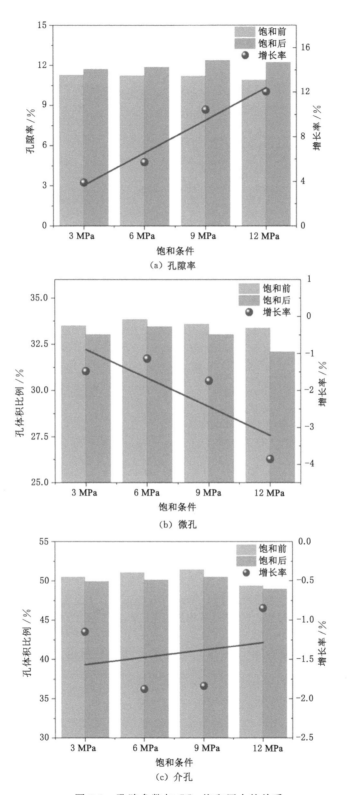

（a）孔隙率

（b）微孔

（c）介孔

图 3-9　孔隙参数与 CO₂ 饱和压力的关系

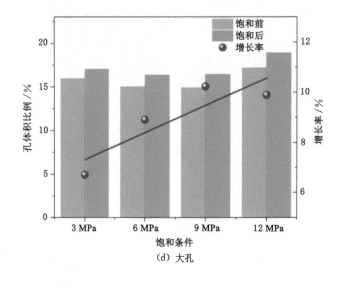

（d）大孔

图 3-9（续）

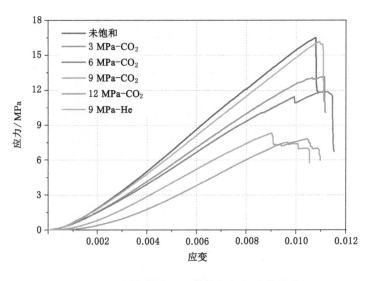

图 3-10　不同条件饱和后煤样的应力-应变曲线

　　表 3-7 总结了不同条件饱和后煤样的峰值强度和弹性模量。由表 3-7 可以看出，CO_2 饱和后煤样的峰值强度显著降低，而 He 饱和后煤样的峰值强度变化并不明显，这种变化趋势与 3.2.1 节中得到的饱和后孔隙结构变化一致。例如，当 CO_2 饱和压力为 3 MPa、6 MPa、9 MPa 和 12 MPa 时，饱和后煤样的峰值强度降低到 13.16 MPa、11.87 MPa、8.31 MPa 和 7.82 MPa。而煤样在经过 9 MPa 的 He 饱和后，其峰值强度与未饱和煤样相比仅仅减小了 2.06％。而 Perera 等[79]对澳大利亚的低阶煤进行了 8 MPa 的 N_2 饱和，发现饱和后煤样的峰值强度与未饱和煤样相比反而增加了 3.03％。他认为 N_2 饱和会导致煤样的孔隙结构被压密，因此煤样的强度有所增加。在本实验中，同样采用非吸附性气体对煤样进

行饱和,却观察到煤样的峰值强度有所降低。NMR 实验过程中饱水-干燥循环过程可能是导致这一现象的原因。类似地,He 饱和后煤样的弹性模量也有所降低,从 1 726.94 MPa 降低至 1 642.51 MPa。陈明义[98]的研究指出,煤中水分的存在会降低煤体颗粒之间的黏聚力,从而导致煤样延性增大而弹性模量降低。

表 3-7 不同条件饱和后煤样的峰值强度和弹性模量

饱和条件	单轴抗压强度/MPa	单轴抗压强度变化率/%	弹性模量/MPa	弹性模量变化率/%
未饱和	16.52		1 726.94	
3 MPa-CO_2	13.16	−20.34	1 416.34	−17.99
6 MPa-CO_2	11.87	−28.15	1 344.36	−22.15
9 MPa-CO_2	8.31	−49.70	1 109.63	−35.75
12 MPa-CO_2	7.82	−52.66	1 053.05	−39.02
9 MPa-He	16.18	−2.06	1 642.51	−4.89

图 3-11 为单轴抗压强度随 CO_2 饱和压力的变化趋势。由图 3-11 可以看出,虽然次临界 CO_2 和超临界 CO_2 饱和都能导致煤样的单轴抗压强度降低,但降低幅度并不相同。例如,当饱和条件为 6 MPa 的次临界 CO_2 时,煤样的单轴抗压强度降低了 28.15%[图 3-11(b)];而当饱和压力增加 3 MPa 时,即 9 MPa 的超临界 CO_2 饱和,饱和后煤样的单轴抗压强度降低了 49.70%,其降低率远大于次临界 CO_2 饱和。根据 Bae 等[99]的研究,煤基质吸附超临界 CO_2 的量远大于吸附次临界 CO_2 的量。另外,Perera 等[100]的研究发现,煤基质吸附超临界 CO_2 产生的基质膨胀是次临界 CO_2 的 2 倍,这显然会对煤体的强度造成影响。此外,超临界 CO_2 所具有的抽提有机物的能力,也加剧了煤样在相态转换区域内的强度变化,如图 3-11(a)所示。需要特别指出的是,在超临界区域,饱和压力从 9 MPa 增加到 12 MPa 时,煤样的单轴抗压强度仅仅从 8.31 MPa 降低到 7.82 MPa。Pan 等[101]指出,当煤样的 CO_2 饱和压力超过某一临界值时,较高的孔隙压力会导致煤基质由膨胀变为压缩。这可能是 12 MPa 的超临界 CO_2 饱和后煤样的单轴抗压强度变化不明显的原因。

图 3-12 展示了饱和后煤样的弹性模量与 CO_2 饱和压力的关系。根据图 3-12 可知,CO_2 饱和压力从 6 MPa(次临界)增加到 9 MPa(超临界),会导致饱和后煤样的弹性模量降低 13.60%。该降低率是饱和压力从 3 MPa(次临界)增加到 6 MPa(次临界)时弹性模量降低率的 3.27 倍,这表明超临界 CO_2 对于煤体弹性模量的影响显著大于次临界 CO_2。饱和后煤样弹性模量的变化被认为与 CO_2 导致的煤基质塑化有关[102]。Kendall 等[103]的研究发现,与次临界 CO_2 相比,超临界 CO_2 有着类似于液体的密度,这使得超临界 CO_2 有更强的有机化合物抽提能力。因此,CO_2 溶解在煤基质中所导致的塑化作用是弹性模量降低的本质原因[104]。如图 3-12(b)所示,煤样在相态转换区域的弹性模量迅速降低,这可能与超临界 CO_2 更大的溶解和抽提效应有关,从而导致煤基质产生更大的基质塑化现象。

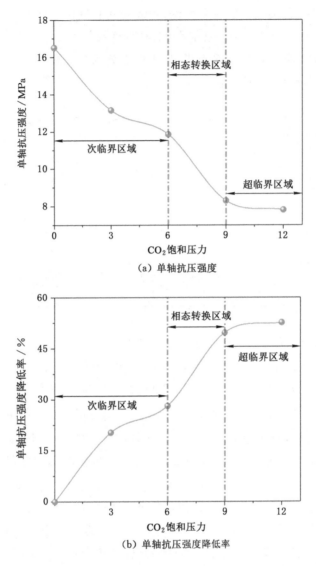

（a）单轴抗压强度

（b）单轴抗压强度降低率

图 3-11 煤样的单轴抗压强度与 CO_2 饱和压力的关系

3.2.3 煤样破坏模式分析

图 3-13 展示了未饱和煤样与不同压力的 CO_2/He 饱和后煤样的单轴压缩实验的破坏情况。由图 3-13（a）可以看出，未饱和煤样的破坏情况为单剪切面破坏。当饱和条件为3 MPa 和 6 MPa 的次临界 CO_2 时，饱和后煤样的破坏呈现简单的剪切破坏与拉伸破坏的组合情况，从宏观上来看表现出显著的脆性特征，如图 3-13（b）和图 3-13（c）所示。而当饱和条件为 9 MPa 和 12 MPa 的超临界 CO_2 时，饱和后煤样的破坏情况则呈现复杂的多结构面形式破坏，在宏观上表现为显著的延展性特征，如图 3-13（d）和图 3-13（e）所示。根据 3.2.1节的实验结果，CO_2 饱和后煤样的微观结构发生了变化，形成了更多的孔隙和裂隙。这些孔隙和裂隙可能形成结构弱面，从而导致破坏沿着此方向发生。另外，超临界 CO_2 饱和后

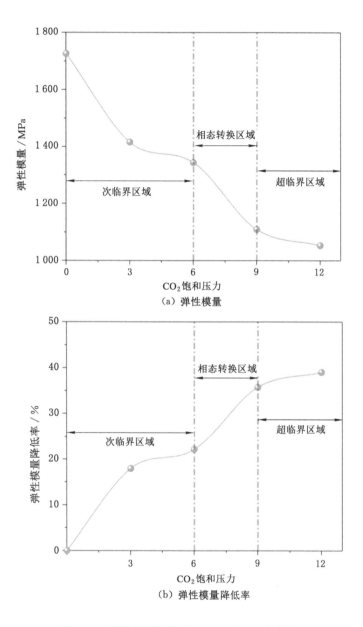

图 3-12　煤样的弹性模量与 CO_2 饱和压力的关系

煤样的破坏面也显著多于次临界 CO_2 饱和后的煤样,这也与 3.2.1 节中的实验结果一致。超临界 CO_2 的密度和扩散性要显著高于次临界 CO_2,同时还拥有超低的表面张力与黏度,这使得超临界 CO_2 能够进入煤样中更小的孔隙和裂隙中[105]。这可能是导致超临界 CO_2 饱和后煤样呈现复杂的多结构面形式破坏的另外一个原因。由图 3-13(f)可以看出,He 饱和后煤样的破坏面略多于未饱和煤样,这可能是 NMR 实验过程中饱水和干燥过程所导致的。

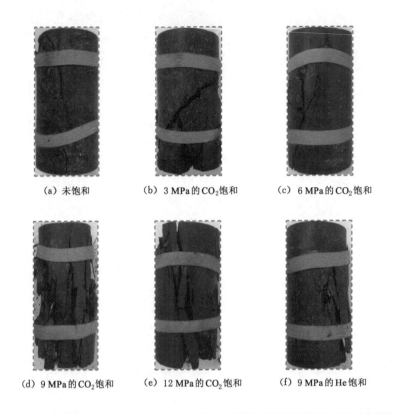

(a) 未饱和　　　　　(b) 3 MPa的 CO_2 饱和　　　　　(c) 6 MPa的 CO_2 饱和

(d) 9 MPa的 CO_2 饱和　　　　(e) 12 MPa的 CO_2 饱和　　　　(f) 9 MPa的He饱和

图 3-13　未饱和煤样与不同压力的 CO_2/He饱和后煤样的单轴压缩实验的破坏情况

3.3　超临界 CO_2 饱和时间对烟煤力学特性的影响

3.3.1　不同时间饱和后煤样孔隙率变化特征

图 3-14 和图 3-15 为超临界 CO_2 饱和前后煤样的 T_2 分布曲线。如图 3-14 和图 3-15 可以看出,煤样饱和前后的 T_2 分布曲线均包含 3 个明显的峰。随着 T_2 值的增大,第一个峰通常对应煤中的微孔,而第二个和第三个峰分别对应介孔和大孔[106-107]。 T_2 分布曲线的相邻峰之间的幅度和宽度随着饱和时间的增加而增加,这表明超临界 CO_2 饱和后煤样中孔隙的数量和大小均有不同程度的增加。这种现象可能是超临界 CO_2 的抽提和溶解效应所造成的。例如,超临界 CO_2 是一种有效的有机溶剂,能够抽提一些填充在煤孔隙中的多环芳烃和脂肪烃[53,61,108]。此外,天然煤层中含有一定量的水分,当 CO_2 遇到煤层中的水时可形成碳酸,从而溶解煤中的一些无机矿物,如方解石、白云石和菱镁矿等[109]。然而超临界 CO_2 饱和 1 天后煤样的微孔变化并不明显,这可能是煤基质溶胀导致的孔隙空间减小所致。

值得注意的是,在 CO_2 饱和后,煤样孔体积分布的连续性得到了增强。如图 3-14 中的黑色圆圈所示, T_2 分布曲线可以分为连续 T_2 分布曲线(饱和后)和不连续 T_2 分布曲线(饱和

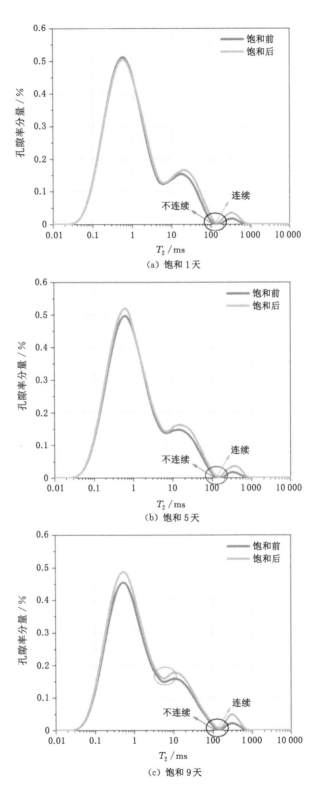

(a) 饱和 1 天

(b) 饱和 5 天

(c) 饱和 9 天

图 3-14 超临界 CO₂ 饱和前后煤样的 T_2 分布曲线

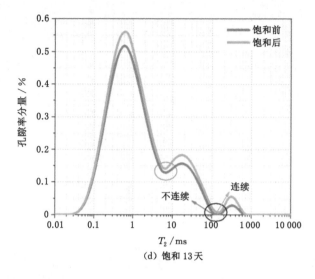

(d) 饱和 13 天

图 3-14(续)

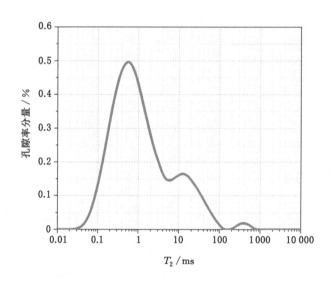

图 3-15　未饱和煤样的 T_2 分布曲线

前)。经过 9 天和 13 天的超临界 CO_2 饱和后,微孔和介孔交界处的孔隙率($T_2 = 5.336\ 7$ ms)分别增加了 7.24% 和 10.31%。这表明超临界 CO_2 饱和可以显著增强孔隙体积分布的连续性。表 3-8 为超临界 CO_2 饱和前后煤样孔隙率的变化情况。从表 3-8 中可以看出,饱和后孔隙率的增长率与饱和时间正相关。例如,煤样在超临界 CO_2 饱和 1 天、5 天、9 天和 13 天后,其孔隙率分别增加了 3.76%、6.70%、9.77% 和 11.57%。需要指出的是,在原位条件下,由于围压的存在,煤基质沿孔隙方向的溶胀可能在一定程度上抵消萃取和溶解效果。因此,在本章的实验条件下(零围压),可能高估了饱和煤样的孔隙增量。

表 3-8　超临界 CO₂ 饱和前后煤样孔隙率的变化情况

饱和条件	孔隙率		
	饱和前/%	饱和后/%	增长率/%
未饱和	12.355 0		
超临界 CO₂ 饱和 1 天	12.486 7	12.956 2	3.76
超临界 CO₂ 饱和 5 天	12.165 9	12.980 8	6.70
超临界 CO₂ 饱和 9 天	11.516 1	12.640 7	9.77
超临界 CO₂ 饱和 13 天	12.755 4	14.231 3	11.57

3.3.2　煤体力学参数变化特征

图 3-16 为未饱和煤样和超临界 CO₂ 饱和不同时间后煤样的应力-应变曲线。为了定量分析超临界 CO₂ 饱和时间对于煤样力学参数的影响,笔者从图 3-16 中提取出不同条件饱和后煤样的单轴抗压强度和弹性模量,并列于表 3-9 中。同时,将煤样单轴抗压强度随超临界 CO₂ 饱和时间的变化绘制于图 3-17。由表 3-9 和图 3-17 可以看出,超临界 CO₂ 饱和后煤样的单轴抗压强度均显著降低,并且这种变化趋势与 3.2 节中得到的饱和后孔隙结构变化一致。例如,在 9 天的超临界 CO₂ 饱和之后,煤样的单轴抗压强度与不饱和煤样相比,降低了 41.78%。这与 Perera 等[79]的研究结论一致,他们对澳大利亚烟煤进行 8 MPa 和 33 ℃条件下超临界 CO₂ 饱和 7 天,发现煤样的单轴抗压强度降低了 77.70%。煤基质吸附 CO₂ 引起的表面能变化被认为是单轴抗压强度降低的主要原因。

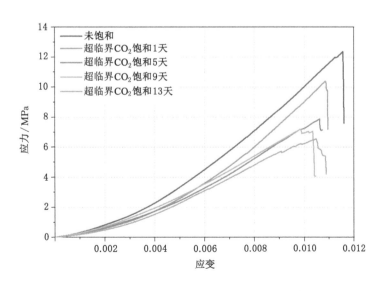

图 3-16　不同饱和条件下煤样的应力-应变曲线

表 3-9　不同条件饱和后煤样的峰值强度和弹性模量

饱和条件	单轴抗压强度/MPa	单轴抗压强度变化率/%	弹性模量/MPa	弹性模量变化率/%
未饱和	12.35		1 310.04	
超临界 CO₂ 饱和 1 天	10.39	−15.87	1 167.98	−10.84
超临界 CO₂ 饱和 5 天	7.87	−36.28	965.63	−26.29
超临界 CO₂ 饱和 9 天	7.19	−41.78	876.79	−33.07
超临界 CO₂ 饱和 13 天	6.55	−46.96	840.38	−35.85

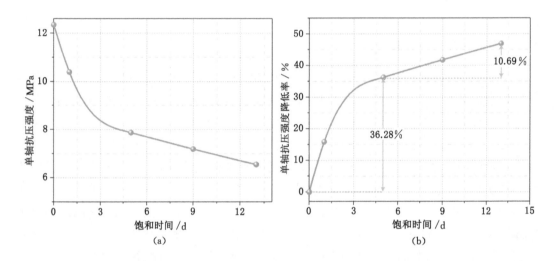

图 3-17　超临界 CO₂ 饱和时间对煤样单轴抗压强度的影响

值得注意的是,超临界 CO₂ 饱和煤样的单轴抗压强度最初迅速下降,但下降速度随饱和时间增加而减小。具体而言,如图 3-17(b)所示,在超临界 CO₂ 饱和 5 天后,单轴抗压强度下降了 36.28%,而接下来的 8 天饱和后下降了 10.69%。在饱和初期,煤体裂隙和孔隙之间的 CO₂ 浓度差值较大,这会导致 CO₂ 迅速扩散进入煤基质中,并被吸附到基质孔隙表面。随着饱和时间的增加,浓度差减小,CO₂ 的扩散通量降低,最终导致煤样的 CO₂ 吸附增量减小[93]。Zhang 等[110]的研究表明,CO₂ 吸附引起的基质溶胀是煤体强度降低的主要原因。因此,在超临界 CO₂ 饱和的早期,煤的强度会迅速降低。此外,根据第 3.2 节的研究结果,在饱和前期,煤样的孔隙率显著增加。这些新形成的孔隙和裂隙在加载过程中更有可能引起应力集中和破坏,从而导致在饱和初期煤样强度的迅速降低。

图 3-18 为超临界 CO₂ 饱和对煤样弹性模量(E)的影响。由图 3-18 可以看出,超临界 CO₂ 饱和导致煤样弹性模量显著降低,并且弹性模量的变化趋势与单轴抗压强度相似。例如,当超临界 CO₂ 饱和时间为 1 天和 9 天时,饱和后煤样的弹性模量与未饱和煤样相比,分别降低了 10.84% 和 33.07%,如图 3-18(b)所示。吸附 CO₂ 所引起的煤基质塑化作用被认为是弹性模量降低的主要原因。根据 Larsen 等[25]的研究,天然煤体由许多结构相似、相互交联的大分子组成,大分子在三维空间的交联网状结构会限制煤颗粒的运动并导致煤体具

有高脆性。但是，CO_2 是一种良好的增塑剂，能够进入煤的交联网状结构中，导致分子链松弛，并破坏交联网状结构[104]。因此，饱和后煤样的延性增强且弹性模量减小。由图 3-18(b) 可以看出，随着饱和时间的增加，超临界 CO_2 饱和煤样的弹性模量最初迅速下降，下降速度随饱和时间增加而减小。这一现象与单轴抗压强度的变化趋势类似。例如，在超临界 CO_2 饱和 5 天后，弹性模量下降了 26.29％，而接下来的 8 天饱和后下降了 9.56％。上述研究再次表明超临界 CO_2 对煤体的作用主要发生在饱和初期。

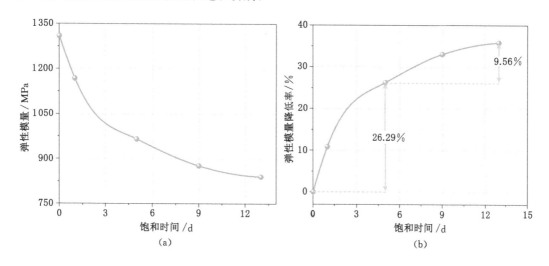

图 3-18　超临界 CO_2 饱和对煤样弹性模量的影响

3.3.3　煤样声发射特征

前人的研究表明，声发射信号(AE)与煤岩内部微裂隙的压缩和裂纹的产生、扩展密切相关[111-112]。因此，在单轴压缩实验过程中采集声发射信号 AE 数据可用于推断裂纹产生、传播和损伤过程，这对于揭示超临界 CO_2 对煤体力学特性的作用机理具有重要意义[113]。实验过程中采集到的轴向应力、声发射振铃数和累计振铃数随加载时间的变化情况如图 3-19 所示。

前人的研究[79,114-115]表明，根据声发射信号的数量可将煤样的声发射分为三个阶段：裂隙闭合阶段、裂隙稳定扩展阶段和裂隙不稳定扩展阶段。在单轴压缩实验的早期，煤样中的孔隙和裂隙随着轴向荷载的增大逐渐被压实，此阶段没有明显的声发射信号发出。随着荷载的进一步增加，煤样进入裂隙稳定扩展阶段，此时出现了明显的声发射信号，且 AE 累计振铃数近似线性增长。而在裂隙不稳定扩展阶段，随着轴向应力的增加，裂隙开始快速扩展直至煤样完全破坏。此阶段 AE 振铃数突增，AE 累计振铃数呈指数增加。

表 3-10 总结了在不同饱和条件下煤样的裂隙闭合阶段和裂隙稳定扩展阶段比例。由图 3-19 和表 3-10 可以看出，饱和煤样与未饱和煤样相比，其裂隙稳定扩展阶段占比更小。例如，煤样在饱和 1 天、5 天、9 天和 13 天后，其裂隙稳定扩展阶段的比例降低到了 65.22％、55.69％、50.34％ 和 42.80％。然而，裂隙闭合阶段比例则随着饱和时间的增加而增加。根据 3.3.1 节的实验结果，随着饱和时间的增加，煤样的孔隙率增加幅度增大。这些饱和后新

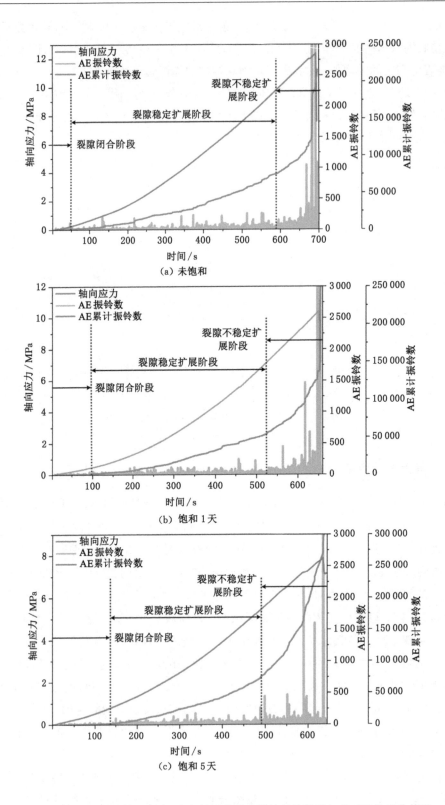

（a）未饱和

（b）饱和 1 天

（c）饱和 5 天

图 3-19　煤样加载中轴向应力、声发射振铃数和累计振铃数随加载时间的变化情况

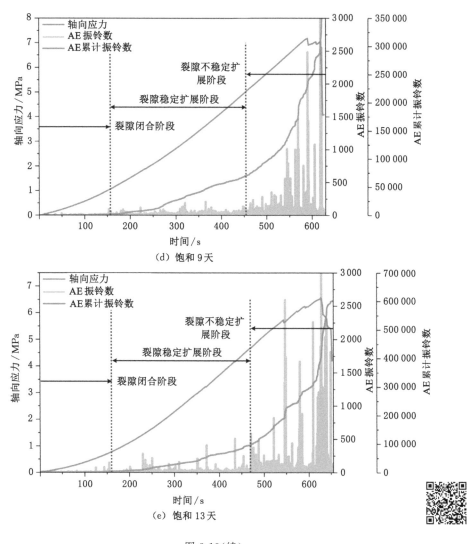

图 3-19(续)

形成的孔隙,在单轴加载的初期,其闭合所需的时间更长,因此造成了上述实验现象。

表 3-10 不同饱和时间煤样的裂隙闭合阶段和裂隙稳定扩展阶段比例

饱和条件	裂隙闭合阶段比例/%	裂隙稳定扩展阶段比例/%
未饱和	7.08	78.05
超临界 CO₂ 饱和 1 天	14.82	65.22
超临界 CO₂ 饱和 5 天	21.55	55.69
超临界 CO₂ 饱和 9 天	26.61	50.34
超临界 CO₂ 饱和 13 天	31.82	42.80

需要注意的是,在不饱和煤样的裂隙不稳定扩展阶段,AE 累计振铃数只有一个明显的

突增点,即煤样呈现脆性破坏,如图 3-19 所示。但是随着饱和时间的增加,在裂隙不稳定扩展阶段,饱和后煤样的 AE 累计振铃数会出现多个突增点。这可能是因为在饱和过程中,煤样中形成了更多的孔隙和裂隙(见 3.3.1 节),即存在更多的力学弱面。因此,煤样破坏前会提前释放一些积累的能量,表现为 AE 累计振铃数的突增。

4 超临界 CO₂ 作用下烟煤渗透率演化特征

近年来,一些国家已经开展了注 CO_2 强化煤层气开采项目的工程探索,例如美国、加拿大、中国、波兰、澳大利亚和日本[116-117]。然而到目前为止,这些示范工程皆遇到了渗透率降低的问题。例如,在美国的 Allison Unit,在第一次 CO_2 注入阶段,其注入率降低了 40%[118]。而日本石狩川盆地的探索项目,CO_2 注入能力甚至下降了 70%[119]。在我国沁水盆地先导性试验中,也观察到了 CO_2 注入能力降低的现象[80]。这些问题被认为是注入 CO_2 后煤层渗透率降低所导致的[120-121]。在 CO_2 注入煤储层过程中,CO_2 与煤的相互作用以及煤层自身独特的结构特征导致其渗透率发生动态变化,进而对现场工程项目的实施产生影响:当煤层的渗透性降低时,CO_2 的运移阻力增大,注入量减少,因此无法实现预定的 CO_2 封存量。同时,CO_2 注入量减少也会减少对 CH_4 的置换,从而会严重影响煤层气的采收。

煤体是一种典型的结构复杂的多孔介质,主要包含裂隙系统和基质孔隙系统[122-124]。前人的研究指出,煤的孔裂隙结构特性影响着气体的运移[125]。本书第 1 章的研究表明,超临界 CO_2 饱和能够改变煤样的官能团结构(如芳香结构、脂肪族结构和含氧官能团等),同时能萃取有机质。此外,煤的微晶结构也在超临界 CO_2 饱和后发生变化。第 2 章的研究表明,超临界 CO_2 饱和煤样的孔隙分布、连通性、分形维数均发生改变,这势必会影响煤层中气体的运移。综上所述,本章采用超临界 CO_2 渗透率测试系统对煤样渗透率进行研究,以分析注入压力、超临界 CO_2 饱和、CO_2 相态和围压对于渗透率的影响。

4.1 实验仪器及研究方案

4.1.1 实验设备

本章所涉及的煤样渗透率测定实验均在重庆大学煤矿灾害动力学与控制全国重点实验室完成,实验装置为基于美国 GCTS(Geotechnical Consulting & Testing Systems)公司生产的高温高压岩石三轴实验装置所改进的超临界 CO_2 渗透率测试系统。该系统的原理图如图 4-1 所示,主要由以下三个单元所构成。

① 高压气体注入单元:主要由供气管路、ISCO 260D 型高精度高压柱塞泵、超高压储气罐等组成。ISCO 260D 型高精度高压柱塞泵能够提供 0～51.7 MPa 的注入压力和 0.001～107 mL/min 的注入流量,如图 4-2 所示。然而柱塞泵的气体容量仅仅为 532 mL,难以保证在渗流实验中提供持续的高压气体,因此笔者使用 4 个相互并联的高压储气罐作为气源,为渗流实验提供高压气体,如图 4-3 所示。高压储气罐最大工作压力为 35 MPa,合计容积为 2 000 mL。

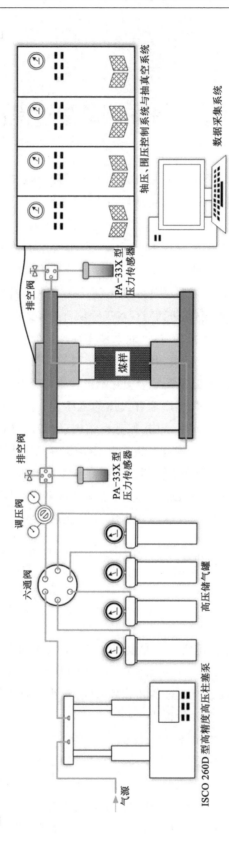

图 4-1 超临界 CO_2 渗透率测试系统原理图

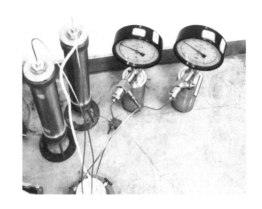

图 4-2　ISCO 260D 型高精度高压柱塞泵　　　　　图 4-3　高压储气罐

　　为保证实验过程中的安全及持续稳定的供气,笔者使用 ISCO 260D 型高精度高压柱塞泵向储气罐注入压力为 25 MPa 的气体,再通过 TESCOM 型高精度压力调节阀控制渗流实验的气体压力。此外,在实验过程中,实时监测高压储气罐压力,当压力较低时,及时通过柱塞泵补充气体。

　　② 深部煤层环境模拟单元:该部分主要由 GCTS 高温高压岩石三轴实验装置所组成。该设备是美国 GCTS 公司生产的液压伺服力学系统,型号为 RTX-3000,如图 4-4 所示。GCTS 高温高压岩石三轴实验系统能够精确测量煤岩在复杂应力条件下的力学性质和渗流特性。该测试系统能提供最大 200 MPa 的围压,200 MPa 的孔隙水压,200 ℃ 的环境温度。

图 4-4　GCTS 高温高压岩石三轴实验装置实物图

　　③ 数据采集单元:采用瑞士 KELLER 高精度压力传感器(PA-33X)记录煤样上下游压力,如图 4-5 所示。PA-33X 型压力传感器能够测量最高 30 MPa 的压力,同时采用数字补偿技术以消除温度和非线性的影响,这使得该传感器在 10~40 ℃ 温度范围内的精度高达 ±0.015 MPa,而在 -10~80 ℃ 的工作条件下精度也达到了 ±0.03 MPa。在实验过程中,通过数据采集卡将传感器与电脑相连接,使用 Control Center Serie 30 软件对压力数据进行实

时采集,采集过程的软件界面如图 4-6 所示。

图 4-5　PA-33X 型压力传感器压力采集过程

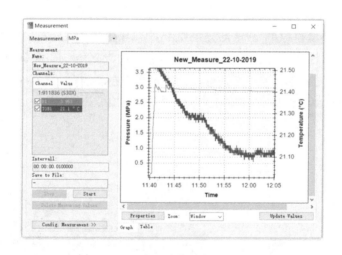

图 4-6　Control Center Serie 30 软件数据采集界面

4.1.2　实验方案

　　本节使用 FX 煤样开展超临界 CO_2 注入后煤体渗透率动态演化的研究,煤样尺寸为 $\phi 50$ mm×100 mm。为了研究注入压力、超临界 CO_2 饱和、围压和 N_2 对煤样渗透率的影响,本节设计了 4 个实验阶段,使用两种气体(CO_2 和 N_2)进行煤样渗透率实验。在 4 个实验阶段、超临界 CO_2 饱和与煤样解吸过程中,实验测试系统的温度均稳定在 35 ℃。具体实验方案如下。

　　(1)阶段 1

　　首先按照 GCTS 高温高压岩石三轴实验装置操作流程将煤样装入压力室,并对压力室进行密封充液。接着,打开 GCTS 高温高压岩石三轴实验装置的温控单元,将实验温度设置为 35 ℃,并将温度阈值设为 0.1 ℃,以避免温度变化对实验结果的影响。待温度稳定后,将围压加载至 8 MPa。然后使用 N_2 作为渗流气体,以 3 MPa 的恒定注入压力进行渗透率测定,同时采集煤样上下游压力变化。维持围压不变,依次将注入压力增加至 4 MPa、5 MPa和 6 MPa 进行渗透率测定,如表 4-1 所示。

表 4-1　阶段 1 渗透率测试方案

注入气体	注入压力/MPa	围压/MPa
N_2	3,4,5,6	8
	3,4,5,6,7,8,9,10	12
	3,4,5,6,7,8,9,10,11,12,13,14	16

　　完成围压 8 MPa 下的渗透率实验后,将围压加载至 12 MPa,采用同样的实验步骤测试注入压力 3 MPa、4 MPa、5 MPa、6 MPa、7 MPa、8 MPa、9 MPa 和 10 MPa 条件下的煤样渗透率。同样地,将围压提高至 16 MPa,按照表 4-1 中的注入压力进行渗透率实验。

　　(2) 阶段 2

　　在此阶段,对煤样先进行 6 h 的超临界 CO_2 饱和。超临界 CO_2 饱和时,将围压维持在 16 MPa,上游以 14 MPa 的注入压力持续注入 CO_2。根据压力传感器数据,约半个小时后,煤样上下游压力均高于 CO_2 的临界压力(7.38 MPa)。此外,实验系统温度 35 ℃ 也超过了 CO_2 的临界温度(30.97 ℃),因此 CO_2 此时处于超临界态。在完成超临界 CO_2 饱和后,按照表 4-2 的实验条件与此前实验过程进行煤样渗透率测定。

表 4-2　阶段 2 渗透率测试方案

注入气体	注入压力/MPa	围压/MPa
CO_2	3,4,5,6	8
	3,4,5,6,7,8,9,10	12
	3,4,5,6,7,8,9,10,11,12,13,14	16

　　(3) 阶段 3

　　阶段 2 实验完成后,迅速开始阶段 3 实验。阶段 3 渗透率实验方案如表 4-3 所示,实验过程不再赘述。

表 4-3　阶段 3 渗透率测试方案

注入气体	注入压力/MPa	围压/MPa
N_2	3,4,5,6	8
	3,4,5,6,7,8,9,10	12
	3,4,5,6,7,8,9,10,11,12,13,14	16

（4）阶段 4

阶段 3 实验完成后，打开图 4-1 中煤样上下游的排空阀，使煤样吸附的 CO_2 解吸，该过程持续 12 h。待上述过程完成后，按照表 4-4 开展煤样的渗透率实验，实验过程同上。

表 4-4　阶段 4 渗透率测试方案

注入气体	注入压力/MPa	围压/MPa
	3,4,5,6	8
N_2	3,4,5,6,7,8,9,10	12
	3,4,5,6,7,8,9,10,11,12,13,14	16

4.1.3　渗透率测试方法

Brace 等[126]于 1968 年提出了瞬态渗透率测试法，并使用该方法成功测定了花岗岩的渗透率。与稳态渗透率测试法相比，瞬态渗透率测试法能够在更短的时间内测量煤岩体的渗透率，并能够避免长时间测量所导致的系统气体泄漏和环境温度变化对实验结果造成的误差。此外，使用传统的稳态渗透率测试法时，下游直接连通大气（下游气体压力为大气压）。在实验过程中，这就不能保证 CO_2 流经整个煤体时为超临界态，即不能够测定煤样的超临界 CO_2 渗透率。另外，瞬态渗透率测试法所使用的高精度压力传感器与稳态法所使用的高精度流量计相比，具有稳定性高和成本低的优势[98,127]。因此，笔者最终选择瞬态渗透率测试法进行煤样的渗透率测定。

实验时，将煤样上下游排空阀关闭，并使用笔记本电脑实时记录上下游压力传感器数据。然后，在煤样上游突然提供一个稳定的注入压力。此时，气体在煤样上下游压力梯度的驱动下，从煤样的上游流向下游。随着时间的增加，下游压力逐渐增加，而上游压力保持不变（持续稳定的气源提供）。因此，上下游压力差逐渐减小。

Heller 等[128]研究发现上下游压力差与时间的关系为：

$$\Delta p(t) = \Delta p_0 e^{-\alpha t} \tag{4-1}$$

式中　$\Delta p(t)$——上下游压力差，MPa；

　　　Δp_0——上下游初始压力差，MPa；

　　　t——时间，s；

　　　α——压力衰减系数，s^{-1}。

以时间为横坐标，上下游的压力差为纵坐标，就可以绘制出煤样的压力衰减曲线。根据式(4-1)对压力衰减曲线进行拟合，即可获得压力衰减系数 α。而前人的研究表明，压力衰减系数 α 与渗透率 k 还存在如下关系[59,128]：

$$\alpha = \frac{kA}{\beta V_{down} L \mu} \tag{4-2}$$

式中　k——煤样渗透率，m^2；

　　　A——煤样的横截面积，m^2；

μ——气体的黏度,$MPa \cdot s$;

β——气体压缩系数,MPa^{-1};

L——煤样长度,m;

V_{down}——下游死空间体积,m^3。

实验前,预先测定煤样的横截面积 A、煤样长度 L 和下游死空间体积 V_{down}。气体压缩系数 β 和气体的黏度 μ 基于 REFPROP 软件获得。因此,便可通过式(4-1)和式(4-2)计算求得煤样的渗透率。

4.2　注入压力对渗透率的影响

按照 4.1 节中的实验方案和渗透率计算方法,获得了阶段 1 中煤体渗透率与 N_2 注入压力的关系,如图 4-7 所示。由图 4-7 可知,煤样的渗透率随着 N_2 注入压力的增加持续增大。例如,在围压 8 MPa 条件下,注入压力为 3 MPa、4 MPa、5 MPa 和 6 MPa 时,煤样的渗透率为 0.161 8 mD、0.176 2 mD、0.180 3 mD 和 0.203 3 mD。产生这种实验现象的主要原因可能是:N_2 对于煤样来说是一种弱吸附性气体,其对煤样渗透率的影响主要表现为有效应力效应。当围压恒定时,作用在煤体上的有效应力随着 N_2 注入压力的升高而逐渐减小。煤样的裂隙开度因此而增大,气体运移的通道增多,从而促使煤样渗透率增加。这一实验结果与 Perera 等[129]的研究结论一致。他们对澳大利亚的天然裂隙烟煤进行了注 N_2 渗透率测定,发现在围压 15 MPa 条件下,当注入压力从 4 MPa 增加到 10 MPa 时,煤样的渗透率从 0.009 2 mD 增加到 0.014 3 mD。当围压为 12 MPa 和 16 MPa 时,随着注入压力的增加,渗透率同样呈现增大趋势。

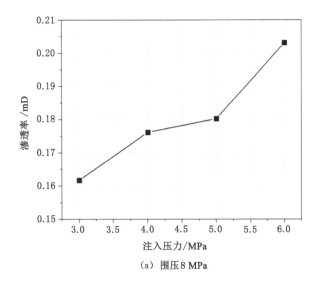

(a) 围压 8 MPa

图 4-7　阶段 1 中煤体渗透率与 N_2 注入压力的关系

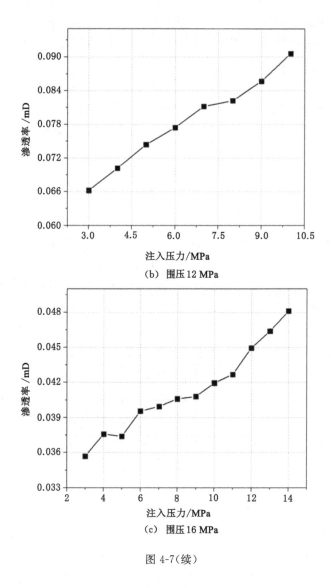

（b）围压 12 MPa

（c）围压 16 MPa

图 4-7（续）

阶段 2 中煤体渗透率与 CO_2 注入压力的关系如图 4-8 所示。由图 4-8 可以看出，当围压为 8 MPa 时，随着 CO_2 注入压力的增大，所测煤样的渗透率呈现减小趋势。例如，当 CO_2 注入压力从 3 MPa 增加到 6 MPa 时，煤样的渗透率从 0.012 8 mD 降低到 0.010 2 mD，减少了 20.31%。这可能是由于实验前进行的 6 h 超临界 CO_2 饱和过程并未达到吸附平衡，在本次渗透率测试过程中，煤基质进一步吸附 CO_2 产生吸附膨胀，从而压缩裂隙空间。另外，Karacan[104] 的研究表明，随着 CO_2 注入压力的增加，煤基质吸附 CO_2 所诱导产生的膨胀增加，也会导致煤样渗透率的降低。二者的综合作用可能是导致上述实验现象的原因。

需要特别指出的是，当围压为 12 MPa 和 16 MPa 时，随着 CO_2 注入压力的增加，渗透率呈现先减小后增大的趋势。例如，当围压为 12 MPa 时，注入压力从 3 MPa 增加到 7 MPa 时，煤样的渗透率从 0.006 6 mD 降低到 0.005 35 mD，降低至最小值，如图 4-8（b）所示。继续增加 CO_2 注入压力，煤样的渗透率开始增加，出现回弹现象。具体而言，当注入压力增加至 10 MPa

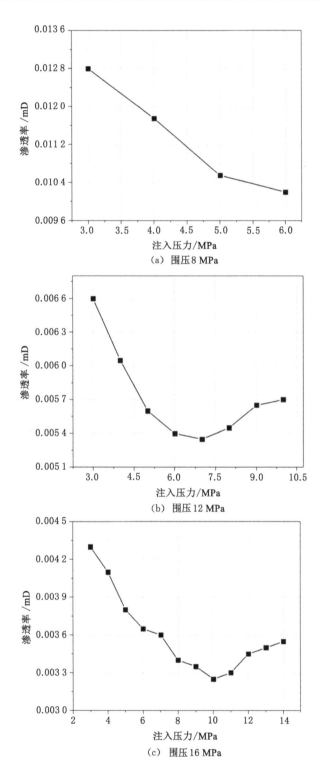

(a) 围压 8 MPa

(b) 围压 12 MPa

(c) 围压 16 MPa

图 4-8　阶段 2 中煤体渗透率与 CO_2 注入压力的关系

时,煤样的渗透率增加至 0.005 7 mD,与渗透率最小值相比增加了 6.54%。类似地,当围压为 16 MPa 时,随着 CO_2 注入压力的增加(从 3 MPa 增加至 14 MPa),煤样的渗透率从 0.004 3 mD(对应 3 MPa 注入压力)降低到 0.003 25 mD(对应 10 MPa 注入压力),随后又增加至 0.003 6 mD(对应 14 MPa 注入压力)。许多学者也观察到了类似的实验现象[81,130-131]。之前的研究表明,煤样的渗透率主要受两方面因素所控制:有效应力和吸附膨胀[132-134]。随着 CO_2 注入压力的增加,煤基质吸附更多的 CO_2,产生的吸附膨胀也更大,从而压缩裂隙空间。另外,CO_2 注入压力的增加,导致煤基质所受的有效应力减小,促使裂隙开度增大。在注入压力较小时,吸附膨胀占据主导地位,导致渗透率降低。而当注入压力达到某一值时,吸附膨胀效应和有效应力效应对于渗透率的影响相当,此时煤样渗透率降低至最小值。而此后随着 CO_2 注入压力的进一步增加,有效应力效应占据主导地位,渗透率呈现增加趋势。

图 4-9 和图 4-10 分别为阶段 3 和阶段 4 实验过程中煤样渗透率随 N_2 注入压力的变化曲线。由图 4-9 和图 4-10 可以看出,煤样的渗透率随 N_2 注入压力的增加而增大,渗透率的整体变化趋势与阶段 1 中的变化趋势类似,在此不再赘述。

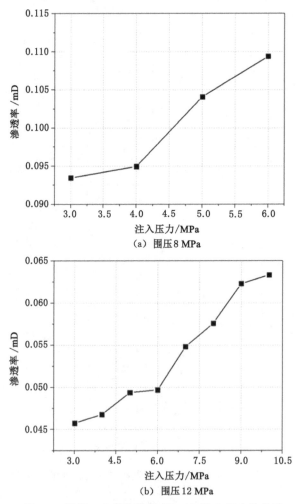

(a) 围压 8 MPa

(b) 围压 12 MPa

图 4-9 阶段 3 中煤体渗透率与 N_2 注入压力的关系

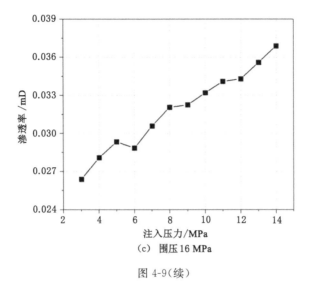

（c）围压 16 MPa

图 4-9（续）

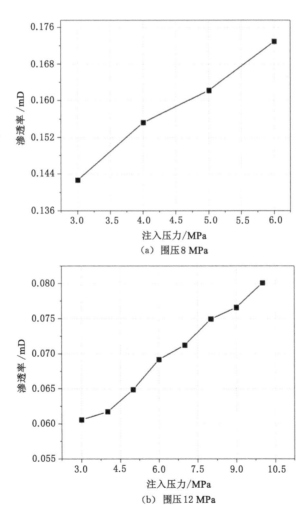

（a）围压 8 MPa

（b）围压 12 MPa

图 4-10　阶段 4 中煤体渗透率与 N_2 注入压力的关系

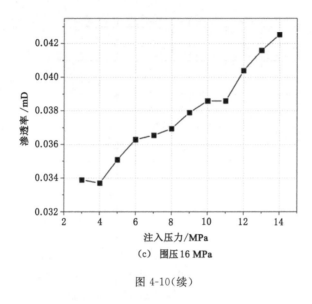

（c）围压 16 MPa

图 4-10（续）

4.3 超临界 CO_2 饱和对渗透率的影响

阶段 1 与阶段 2 的煤样渗透率对比如图 4-11 所示。由图 4-11 可以看出，在不同围压条件下，阶段 2 实验过程中煤样的渗透率均远低于阶段 1 的煤样渗透率。例如，当围压为 8 MPa、12 MPa 和 16 MPa 时，阶段 2 的平均渗透率分别为 0.011 3 mD、0.005 7 mD、0.003 6 mD，与阶段 1 平均渗透率相比明显降低。这与注 CO_2 强化煤层气开采现场工程所观察到的现象一致。根据 Fujioka 等[119] 的报道，在日本北海道石狩川盆地的现场项目中，注入 CO_2 导致渗透率降低了 70%。在阶段 1 实验过程中，煤样未经过任何处理，可以认为此时测得的 N_2 渗透率为煤样的原始渗透率。而阶段 2 实验过程中，煤样经过了 6 h 的超临界 CO_2 饱和，在这个过程中，煤基质吸附 CO_2 产生了基质膨胀，压缩了裂隙空间，从而导致渗透率显著降低。在这里需要特别指出的是，阶段 1 所测得的煤样渗透率为 N_2 渗透率，而阶段 2 所测得的渗透率为 CO_2 渗透率。而 CO_2 和 N_2 的气体黏度和压缩系数并不相同，对基于式(4-1)计算获得的渗透率进行对比时，难以区分是气体本身物性参数还是超临界 CO_2 饱和对煤样渗透率变化造成的影响。为了解决这一问题，笔者在阶段 2 实验测试完成后，迅速开展阶段 3 渗透率实验，以获得此时煤样的 N_2 渗透率。

图 4-12 为阶段 1 与阶段 3 的煤样 N_2 渗透率对比。由图 4-12 可以看出，阶段 3 的渗透率与阶段 1 相比也有明显降低，但降低幅度小于阶段 2 测得的 CO_2 渗透率。例如，当围压为 12 MPa 时，阶段 3 煤样的平均渗透率与阶段 1 相比，从 0.078 5 mD 降低至 0.053 7 mD，降低了 31.59%。造成这种实验现象的原因可能是：在阶段 2 的超临界 CO_2 饱和实验过程中，煤样吸附 CO_2 而压缩裂隙，导致了渗透率降低。但进行阶段 3 实验时，N_2 的注入必然会造成 CO_2 的解吸，一定程度上促使煤基质收缩，导致渗透率增大。但整体而言，阶段 3 所测得的 N_2 渗透率与阶段 1 相比也有明显下降，这在一定程度上说明超临界 CO_2 对于煤样渗透率变化有着显著作用。

图 4-13 展示了煤样在经过 12 h 解吸后的渗透率（阶段 4）与阶段 1 渗透率的对比情况。由图 4-13 可以看出，经过解吸后的煤样其渗透率随围压和注入压力的变化趋势与原始煤样

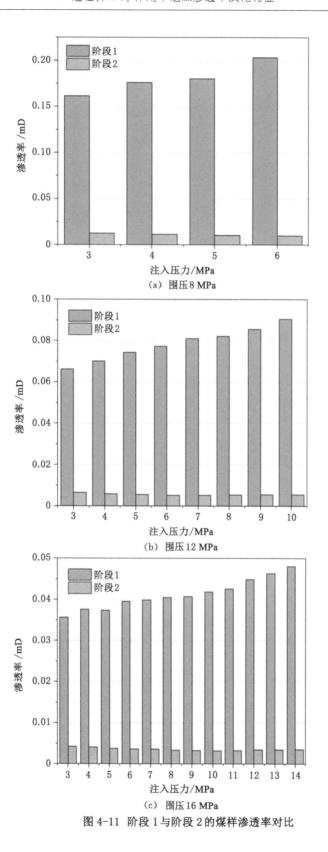

（a）围压 8 MPa

（b）围压 12 MPa

（c）围压 16 MPa

图 4-11 阶段 1 与阶段 2 的煤样渗透率对比

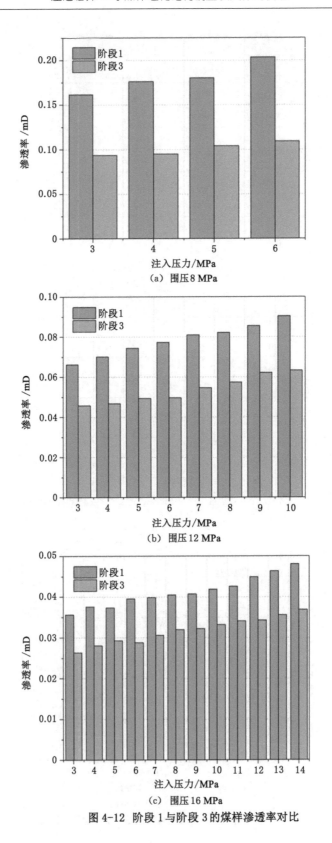

（a）围压 8 MPa

（b）围压 12 MPa

（c）围压 16 MPa

图 4-12 阶段 1 与阶段 3 的煤样渗透率对比

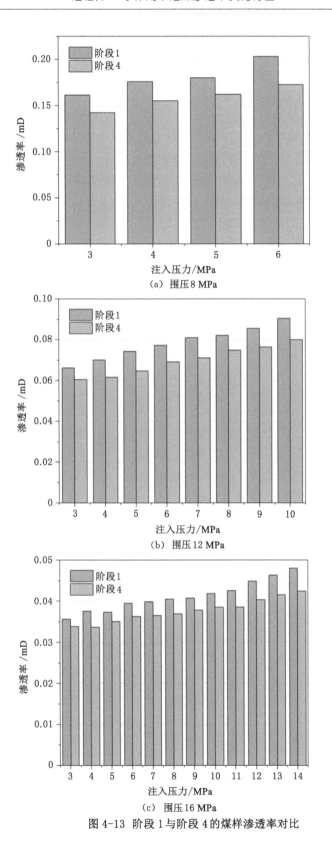

（a）围压 8 MPa

（b）围压 12 MPa

（c）围压 16 MPa

图 4-13 阶段 1 与阶段 4 的煤样渗透率对比

类似。例如,当围压为 12 MPa 时,注入压力从 3 MPa 增加到 10 MPa,解吸后煤样的渗透率增加了 32.18%,而原始煤样的渗透率增加了 36.75%,如图 4-13(c)所示。超临界 CO_2 饱和对煤样主要有以下三种作用:① 吸附作用。煤样吸附超临界 CO_2 后会产生明显的基质膨胀[79,93,104],从而压缩裂隙空间,对渗透率产生负效应。② 溶蚀作用。CO_2 会与煤体中的水分结合形成碳酸,溶蚀孔隙内充填的天然矿物质[28,135-136],从而增大裂隙空间,对渗透率产生正效应。③ 抽提效应。超临界 CO_2 是一种良好的有机溶剂,能够抽提孔隙表面附着的一些小分子有机物[60,91,108],从而增大裂隙空间,对渗透率产生正效应。当煤样解吸 CO_2 后,煤样的吸附膨胀能够一定程度上恢复,而被抽提和溶蚀的有机物和无机物则随气流被带出煤体,此时测得的煤样渗透率是上述因素综合作用的结果。Li 等[137]分析了超临界 CO_2 饱和前后的无烟煤渗透率,发现解吸后煤样的渗透率与原始煤样相比有微弱增加。他们认为这是超临界 CO_2 的溶蚀效应和抽提效应的作用结果。然而,笔者并未观察到上述实验现象。可能原因是:① 本实验过程中由于仪器限制,CO_2 的解吸时间仅仅为 12 h。此时 CO_2 并未完全解吸,其对煤样的渗透率还存在一定的负效应。② 超临界 CO_2 对不同煤阶煤样的抽提能力和溶蚀能力并不相同[60]。因此,超临界 CO_2 饱和所导致的渗透率变化更加复杂。

4.4 CO_2 相态对渗透率的影响

在阶段 2 的实验过程中,随着 CO_2 注入压力的增加,流经煤样的 CO_2 依次为气态、混合态和超临界态。图 4-14 为不同相态 CO_2 流经煤样时所测得的原位渗透率。当围压为 12 MPa 时,上游注入气体压力达到 9 MPa 后,下游压力传感器数据显示此时煤样下游 CO_2 压力已经超过 CO_2 的临界压力(7.38 MPa)。因此,此时流经煤样的 CO_2 均处于超临界态。由图 4-14(a)可以看出,超临界 CO_2 注入(注入压力为 9 MPa 与 10 MPa)后煤样渗透率的增大趋势减小。这可能是由于煤样吸附超临界 CO_2 产生了更明显的基质膨胀,从而弱化了有效应力减小对于渗透率增大的正作用。在围压为 16 MPa 时的渗透率测定过程中,也观察到了类似的实验现象,如图 4-14(b)中的虚线方框所示。

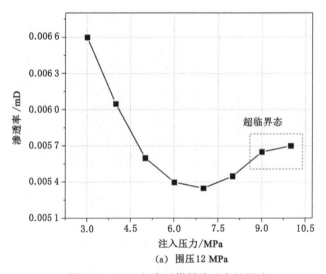

图 4-14 CO_2 相态对煤样渗透率的影响

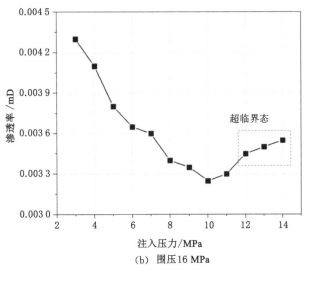

（b）围压16 MPa

图 4-14（续）

4.5　围压对渗透率的影响

不同阶段煤体渗透率与围压的关系如图 4-15 所示。由图 4-15 可知,当注入压力保持恒定时,煤样的渗透率随着围压的增加快速降低,呈负指数下降。而且注入气体的不同和超临界 CO$_2$ 饱和对上述规律并无明显影响。例如,在阶段 1 的渗透率测试过程中,当注入压力为 6 MPa 时,围压从 8 MPa 增加到 16 MPa 导致渗透率降低了 80.52%（从 0.203 3 mD 降低至 0.039 6 mD）。

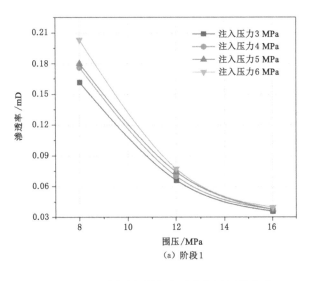

（a）阶段1

图 4-15　不同阶段煤体渗透率与围压的关系

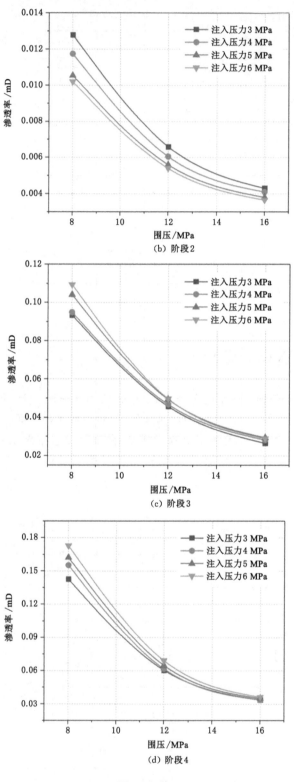

图 4-15（续）

　　此外,由图 4-15 还可以看出,煤样渗透率在围压增加初期降低幅度较大,而在高围压条件下时渗透率的降低幅度较小。例如,在阶段 2 的渗透率测试过程中,当注入压力为 5 MPa 时,围压从 8 MPa 增加到 12 MPa 导致渗透率降低了 0.005 0 mD,而围压从 12 MPa 增加至 16 MPa 导致渗透率仅仅降低了 0.001 8 mD。值得注意的是,当注入气体为 N_2 时,煤样的渗透率随着围压的增高变化更加明显。例如,在阶段 1、阶段 3 和阶段 4 的渗透率测试过程中,当围压从 8 MPa 增加到 16 MPa 时,煤样的 N_2 渗透率分别降低了 80.54%、73.63% 和 79.01%。然而,同样条件下,煤样的 CO_2 渗透率仅仅降低了 64.22%。正如 4.2 节所述,N_2 作为一种弱吸附性气体,对于煤体渗透率的影响主要表现为有效应力效应。当围压增大时,煤体所受的有效应力迅速增大,从而导致渗透率呈负指数降低。Hol 等[138]的研究发现,当围压增大时,煤样的 CO_2 吸附量降低,且由此产生的吸附膨胀减小。因此,在本实验过程中,围压的增加导致煤样由于吸附 CO_2 产生的吸附膨胀减小,促使裂隙开度增大,这在一定程度上抵消了有效应力带来的渗透率负效应。

　　图 4-16 为阶段 2 实验过程中煤样渗透率在不同围压条件下随注入压力的变化情况。由图 4-16 可以看出,随着围压的增加,煤样的渗透率明显下降。在高围压条件下,煤样的渗透率出现了回弹现象,且渗透率的回弹点随着围压的增加而后移。例如,当围压为 12 MPa 时,煤样的渗透率回弹点为 7 MPa;而当围压增加至 16 MPa 时,渗透率回弹点后移至 10 MPa,如图 4-16 中箭头所示。此外,在渗透率回弹点,注入压力增加 4 MPa,12 MPa 围压下煤样的渗透率增加了 6.54%,16 MPa 围压下煤样的渗透率增加了 7.58%。这表明围压变化会显著影响渗透率的回弹点,但对渗透率的回弹幅度影响较小。

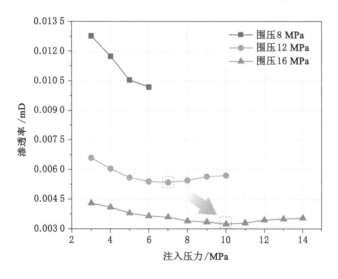

图 4-16　围压对渗透率回弹点的影响

5 超临界 CO₂ 与烟煤相互作用机理及工程增注措施探讨

厘清超临界 CO₂ 与烟煤相互作用机理对于注 CO₂ 强化深部煤层气开采技术可起到关键理论支撑作用。本章基于第 1 章至第 4 章的研究结果，分别从煤体大分子结构、微观孔隙结构、力学特性、气体输运性能等方面开展超临界 CO₂ 与烟煤作用机理系统研究，从本质上揭示超临界 CO₂ 作用下煤体大分子结构变化对孔隙结构的影响、孔隙结构对煤体力学及渗透特性的影响机理。

5.1 煤体大分子结构演化对孔隙结构的影响机理

5.1.1 煤体大分子结构简化模型

煤是由复杂的大分子聚合物构成的有机多孔岩石，其微观结构主要包括化学结构（即大分子结构）和物理结构（即孔隙结构）。为了阐明煤体大分子结构与孔隙结构之间的关系，本节基于前人的研究成果提出了煤体大分子结构简化模型，如图 5-1 所示。

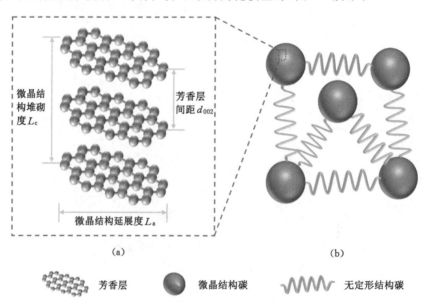

图 5-1　煤的大分子结构简化模型

若干个化学结构相似但不尽相同的单体聚合构成了煤的大分子结构，通常称其为煤的基本结构单元[139-141]，如图 5-1(b)所示。一般情况下，可以将煤的基本结构单元类比为聚合物的聚合单体，其主要由两部分组成：规则部分和非规则部分。煤大分子规则部分是碳原子网按照一定方向堆砌而成的，称为微晶结构碳单元[4,7]，如图 5-1(b)所示。从更小的尺度来分析微晶结构碳，可以发现这些碳原子网由若干个芳香层组成[28,142]，而芳香层由几个或几十个苯环、脂环、氢化芳香环及杂环(含氮、氧、硫等元素)缩合而成，如图 5-1(a)所示。衡量微晶结构单元的参数主要包括微晶结构延展度 L_a、微晶结构堆砌度 L_c、芳香层间距 d_{002}、芳香层片数 N_{ave} 等[图 5-1(a)]。

而无定形结构碳则组成了煤体大分子结构的非规则部分，其主要包括烷基侧链、官能团和桥键[143-145]。常见的烷基侧链如甲基(—CH₃)、乙基(—CH₂—CH₃)和丙基(—CH₂—CH₂—CH₃)，官能团为羟基(—OH)、羧基(—COOH)、羰基(—C=O)、甲氧基(—OCH₃)、硫醇(—SH)、氨基(—NH₂)等，桥键的形式主要有醚键(—O—)、硫醚键(—S—)、次甲基键(—CH₂—、—CH₂—CH₂—)、次甲基醚键(—CH₂—O—)等。微晶结构碳之间由非晶结构碳相互连接，最终形成了三维空间的煤体大分子结构，如图 5-1(b)所示。另外，前人的研究[61,146-147]表明，一些小分子(相对分子质量小于 500)的有机化合物，如烃类、含氧化合物、含硫化合物等，通常游离或镶嵌在煤的大分子主体结构中。

由上述分析可以看出，不同微晶结构单元之间通过无定形结构碳连接，必然会存在一定的空隙；另外，微晶结构单元内部碳原子网在空间上的堆砌，也会产生分子隔层；这些空隙和分子隔层构成了煤样中的部分孔隙结构。而本书第 1 章的实验结果表明，超临界 CO_2 作用下煤体的微晶结构延展度 L_a、微晶结构堆砌度 L_c、芳香层间距 d_{002}、芳香层片数 N_{ave} 和官能团数量都发生了一定程度的变化，这势必会影响煤样的孔隙结构，笔者将在接下来的章节探索它们之间的内在联系并解释其作用机理。

5.1.2 大分子结构与孔隙结构参数的关系

本小节基于第 1 章 X 射线衍射实验和拉曼光谱实验得到的微晶形态结构参数分析结果，结合第 2 章获得的孔隙参数结果，探索煤样大分子结构与孔隙结构参数的关系。需要特别指出的是，由于测试方法的局限性，如低温氮气吸附法不能测定 300 nm 以上的孔隙，压汞法对于微孔和介孔的测量偏差等因素[54,148-150]，本节选取第 2 章低场核磁共振法获得的超临界 CO_2 饱和前后煤样的孔隙测试结果来与微晶形态结构特征(微晶结构延展度、芳香层间距、微晶结构堆砌度)建立内在关系。

图 5-2 为超临界 CO_2 饱和前后煤样的微晶结构延展度 L_a 与孔隙参数的关系。从图 5-2 中可以看出，超临界 CO_2 饱和后煤样的微晶结构延展度 L_a 均有不同程度的减小，而孔隙参数随微晶结构延展度 L_a 的变化趋势不尽相同。具体而言，超临界 CO_2 饱和后，煤样的微孔和介孔孔体积比例的变化趋势与微晶结构延展度 L_a 变化趋势一致，而煤样的大孔孔体积比例和孔隙率则在饱和后呈现增加趋势。

超临界 CO_2 饱和前后煤样的芳香层间距 d_{002} 与孔隙参数的关系如图 5-3 所示。从图 5-3 中可以看出，超临界 CO_2 饱和后煤样的芳香层间距 d_{002} 均呈现增大趋势，而孔隙参数随芳香层间距 d_{002} 的变化趋势恰好与前述微晶结构延展度的相反。例如，饱和后煤样的芳香层间距增大，大孔孔体积比例和孔隙率也呈现同样规律，而介孔和微孔孔体积比例则呈现减小趋势。

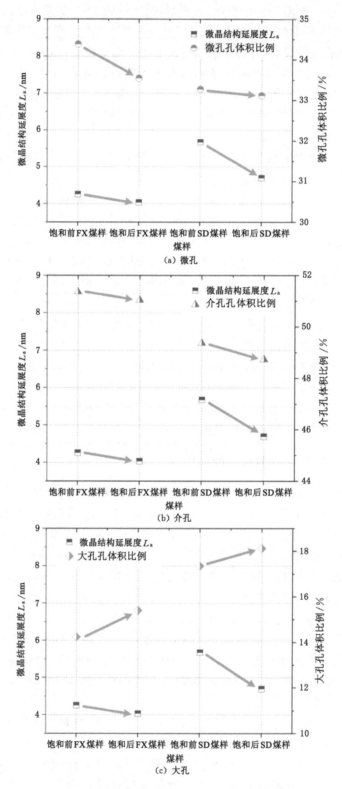

图 5-2　微晶结构延展度 L_a 与孔隙参数的关系

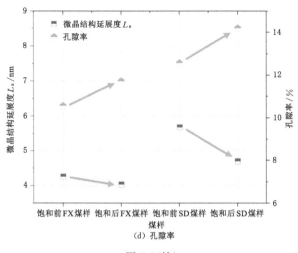

（d）孔隙率

图 5-2（续）

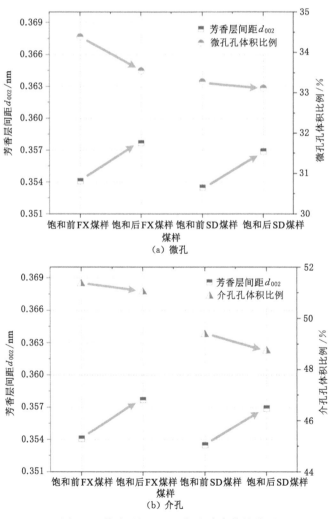

（a）微孔

（b）介孔

图 5-3 芳香层间距 d_{002} 与孔隙参数的关系

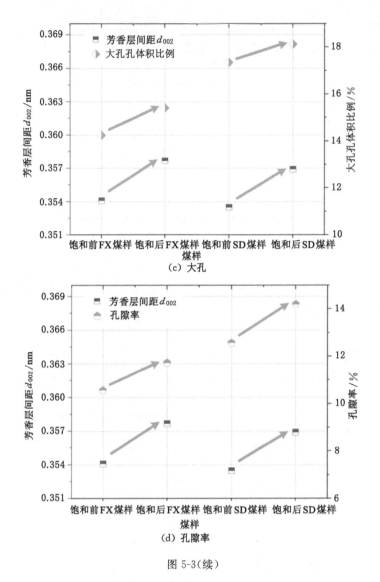

图 5-3（续）

　　图 5-4 为超临界 CO$_2$ 饱和前后煤样的微晶结构堆砌度 L_c 与孔隙参数的关系。整体而言，煤样的微晶结构堆砌度 L_c 在饱和后减小，其与孔隙参数的关系与微晶结构延展度 L_a 与孔隙参数的关系类似，仅变化值不同，在此不再赘述。笔者将在接下来章节深入分析探讨超临界 CO$_2$ 作用下煤样大分子结构对孔隙结构的作用机理。

5.1.3　超临界 CO$_2$ 作用下孔隙结构演化机理分析

　　煤样大分子结构与孔隙结构演化是息息相关的，如图 5-5 所示。在注 CO$_2$ 强化深部煤层气开采过程中，在压力梯度的作用下，气体沿着煤层中的裂隙运移，如图 5-5（a）所示。从宏观角度来看，煤储层通常被认为是由包含孔隙的煤基质和切割煤基质的裂隙所组成的[151-153]，如图 5-5（b）所示。而对于煤基质[图 5-5（c）]，其中存在大量不同尺寸、不同形态的基质孔隙，孔隙中充填着一些小分子的有机物和矿物质，如图中蓝色圆圈所示。从分子角

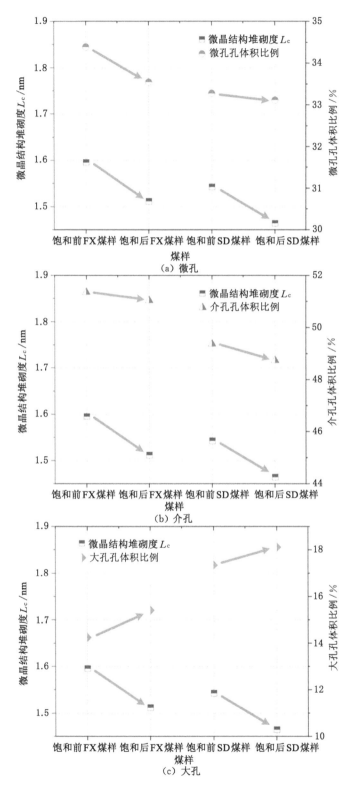

图 5-4　微晶结构堆砌度 L_c 与孔隙参数的关系

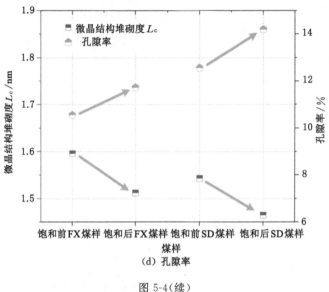

(d) 孔隙率

图 5-4(续)

度来看,煤基质是由微晶结构碳和非晶结构碳在空间上相互交联而成的三维空间大分子聚合物,如图 5-5(d)所示。对于微晶结构碳,其是由若干个芳香层按照一定方向堆砌组成的,这些芳香层由几个或十几个、几十个苯环、脂环、氢化芳香环及杂环(含氮、氧、硫等元素)缩合而成[图 5-5(e)]。不同微晶结构单元之间通过无定形结构碳连接,必然会存在一定的空隙;另外,微晶结构单元内部碳原子网在空间上的堆砌,也会产生分子隔层。这些空隙和分子隔层就成为煤样中孔隙系统的一部分。

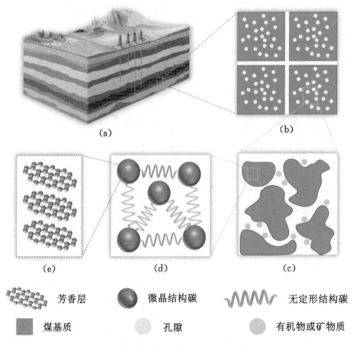

图 5-5 煤储层多尺度结构模型

图 5-6 为超临界 CO_2 作用下煤样大分子结构演化对孔隙结构作用机理的示意图。图中灰色区域为煤骨架,白色区域为原始孔隙,蓝色区域为在孔隙表面的可被抽提的有机物和可被溶解的矿物质,红色区域为超临界 CO_2,橙色区域为新形成的孔隙。本书第 1 章的 X 射线衍射实验和拉曼光谱实验结果表明,超临界 CO_2 作用下煤体的微晶结构延展度 L_a、微晶结构堆砌度 L_c 和芳香层片数 N_{ave} 减小,即 $L_a < L_a'$,$L_c < L_c'$,$N_{ave} < N_{ave}'$,如图 5-6(a) 和图 5-6(e) 所示。另外,傅立叶红外光谱实验表明在超临界 CO_2 饱和后煤样的一些官能团被萃取出来,这就可能导致煤中的无定形结构碳断裂,从而破坏煤体的晶体结构完整性[图 5-6(b) 和 5-6(f)]。结合本书 5.1.1 节中的分析可知,超临界 CO_2 饱和后,煤样微晶结构单元之间的空隙和其内部碳原子网的分子隔层会增大,这在一定程度上导致了煤样孔隙数量和体积的增加。

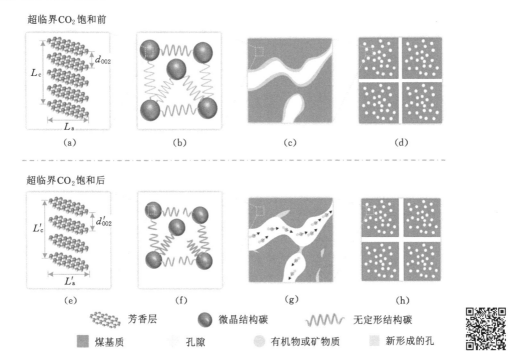

图 5-6　超临界 CO_2 作用下煤样大分子结构演化对孔隙结构作用机理的示意图

前人的研究[53,77,154]表明,一些矿物质和有机物会充填在煤的孔隙中,如图 5-6(c) 所示。显然这些充填的矿物质和有机物会减小孔隙的尺寸,从而限制气体的运移。超临界 CO_2 饱和过程中,CO_2 与煤中的水分子结合可能会降低孔隙流体的 pH 值,从而导致孔隙中的一些矿物(如方解石、白云石和菱镁石)的溶解[155]。同时,本书第 2 章的研究结果表明,超临界 CO_2 也是一种有效的有机溶剂,能够提取煤孔隙内的一些多环芳烃和脂肪烃。这些无机物被溶解掉和抽提,会导致煤样孔裂隙的尺寸增大,如图 5-6(g) 和 5-6(h) 所示。本书第 2 章中压汞实验结果也佐证了上述观点:超临界 CO_2 饱和后,煤样大孔孔体积的比例从 17.41％增加到 19.42％。Wen 等[156]的研究也得到了相似的结论,他们使用扫描电镜直接对比了超临界 CO_2 处理前后煤样同一区域内孔隙宽度的变化,发现处理后煤样孔隙的宽度增加了 20.16％～120.69％。综上所述,超临界 CO_2 饱和后煤样的大分子结构的改变和超

临界 CO_2 的萃取与溶蚀效应共同导致了煤样孔隙结构的改变。

5.2 超临界 CO_2 作用下孔隙结构对煤体力学性能的影响机理

在漫长的成煤过程中,煤体内部形成了复杂的孔裂隙网络。当煤体所处的应力状态发生改变后,这些孔隙和裂隙随着应力的增大而逐渐扩展、连通,最终形成宏观断裂面而导致煤岩的破坏。因此,从力学的角度来看,煤体的孔裂隙系统分布与力学性能息息相关,煤岩体的屈服和破坏是微观孔裂隙不断扩展和连通的宏观表现[157-160]。

煤样单轴抗压强度是衡量煤体力学性能的一个重要参数,而孔隙率是煤样孔隙发育程度的综合体现。因此,笔者选取本书第 3 章测得的孔隙率与单轴抗压强度实验结果分析超临界 CO_2 作用下孔隙结构与煤体力学性能的关系。表 5-1 为第 3 章煤体孔隙率和单轴抗压强度实验结果。

表 5-1   超临界 CO_2 作用下煤体孔隙率和单轴抗压强度实验结果

饱和条件	孔隙率/%	孔隙率变化率/%	单轴抗压强度/MPa	单轴抗压强度变化率/%
未饱和	10.730 1		16.52	
3 MPa-CO_2	11.722 3	9.25	13.16	−20.34
6 MPa-CO_2	11.886 3	10.78	11.87	−28.15
9 MPa-CO_2	12.400 5	15.57	8.31	−49.70
12 MPa-CO_2	12.246 5	14.13	7.82	−52.66
9 MPa-He	11.106 8	3.51	16.18	−2.06
未饱和	12.355 0		12.35	
超临界 CO_2 饱和 1 天	12.956 2	4.87	10.39	−15.87
超临界 CO_2 饱和 5 天	12.980 8	5.07	7.87	−36.28
超临界 CO_2 饱和 9 天	12.640 7	2.31	7.19	−41.78
超临界 CO_2 饱和 13 天	14.231 3	15.19	6.55	−46.96

注:孔隙率变化率和单轴抗压强度变化率是基于同一煤样饱和前后参数变化所计算获得的。

由表 5-1 可以看出,煤样的孔隙率与单轴抗压强度呈现负相关关系,即煤样的孔隙率越大,单轴抗压强度越小。为了更加清晰地展示这一关系,笔者将孔隙率与单轴抗压强度关系的散点分布绘制于图 5-7。

从图 5-7 中可以看出,超临界 CO_2 饱和作用下,煤样的孔隙率与单轴抗压强度具有较高的相关性,线性拟合的 R^2 为 0.727 1。需要特别指出的是,图 5-7 所示的关系是不同煤样的实验结果。然而,煤体是一种典型的包含孔隙和裂隙的天然沉积岩,其沉积历史、孔裂隙分布和组成成分的差异会造成其物理化学性质的各向异性[105,161-162],这就可能导致图 5-7 所示的相关关系产生偏差。为了减小上述偏差对分析结构的影响,笔者将同一煤样在饱和前后的孔隙率变化率与单轴抗压强度变化率绘制于图 5-8。

从图 5-8 中可以看出,超临界 CO_2 作用下,煤体单轴抗压强度降低率随着孔隙率增大率的增加迅速减小。对孔隙率变化率和单轴抗压强度变化率进行线性拟合,可以发现相关

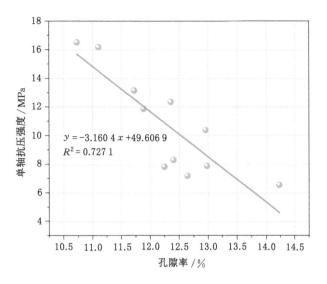

图 5-7　超临界 CO_2 作用下煤体孔隙率与单轴抗压强度的关系

系数的平方 R^2 的值高达 0.957 9,这表明超临界 CO_2 作用下单轴抗压强度变化率对于孔隙率变化率非常敏感,且可以在一定程度上认为超临界 CO_2 导致的煤样孔裂隙结构的变化是饱和后煤样力学性能劣化的主要因素。

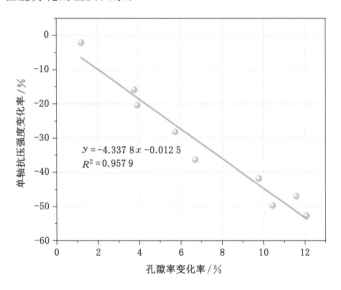

图 5-8　超临界 CO_2 作用下煤体孔隙率变化率与单轴抗压强度变化率的关系

从上述分析可以看出,孔隙结构对煤体的力学性能有着显著的影响。因此,笔者在下文通过对超临界 CO_2 饱和前后煤体裂纹扩展的力学分析,阐明孔隙结构对煤体力学性能的影响机理。

图 5-9 为超临界 CO_2 作用下孔隙结构对裂纹扩展影响的示意图。图中灰色区域代表煤骨架,蓝色区域代表孔隙或裂隙,黄色区域代表循环注入超临界 CO_2 后新形成的孔隙或

裂隙,灰色球体代表煤基质。煤是一种复杂的多孔介质,内部包含着大量的孔隙和裂隙[图 5-9(a)]。其中存在一些不连通的孔隙或裂隙,如图 5-9(b)所示。取图 5-9(b)中某一裂隙尖端,并对该裂隙扩展过程进行分析推导,如图 5-9(c)所示。由于煤体有机成分、无机成分和孔裂隙系统在空间上的分布复杂,煤层被认为是高度非均质和各向异性的物质[163-164]。各组分(即矿物或显微组分)的溶胀倾向于以不同的速率发生,这是因为它们具有不同的溶胀潜力。由于煤体被认为是各向异性的多孔介质,相邻煤基质的吸附膨胀系数(α)可能不同[38,93,104,165],因此,各个煤基质吸附 CO_2 后产生的膨胀并不相同,这就可能导致煤基质间产生拉伸应力和剪切应力。假设在一个微小的单元中有两个 α 值不同的煤基质,那么产生的膨胀应力 σ_s 可以写成:

$$\sigma_s = \beta \Delta \alpha Q = \beta(\alpha_1 - \alpha_2)Q, \alpha_1 \geqslant \alpha_2 \tag{5-1}$$

式中　β——吸附膨胀导致的应力转化系数;

　　　α_1, α_2——相邻两个煤基质的吸附膨胀系数;

　　　Q——在压力 p 下煤基质吸附量。

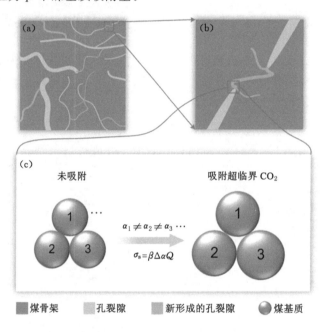

图 5-9　超临界 CO_2 作用下孔隙结构对裂纹扩展影响的示意图

而煤基质吸附量可以通过朗缪尔(Langmuir)方程计算:

$$Q = \frac{abp}{1+bp} \tag{5-2}$$

式中　a——Langmuir 体积常数,m^3/t;

　　　b——Langmuir 压力常数,MPa^{-1};

　　　p——气体压力,MPa。

将式(5-2)代入式(5-1)可得:

$$\sigma_s = \beta \Delta \alpha \frac{abp}{1+bp}, \alpha_1 \geqslant \alpha_2 \tag{5-3}$$

如果有许多 α 值不同的煤基质,如 $\alpha_1,\alpha_2,\alpha_3,\cdots,\alpha_m$,那么 σ_s 可以写为:

$$\sigma_s = \sum_{i=1,j=1}^{m} \beta\Delta\alpha_{ij}\frac{abp}{1+bp}$$

$$= \begin{cases} 0 & (m=1) \\ \beta\Delta\alpha_{12}\dfrac{abp}{1+bp} & (m=2,\alpha_1\geqslant\alpha_2) \\ \sum_{i=u,j=v}^{m}\beta\Delta\alpha_{uv}\dfrac{abp}{1+bp} & (m>2,\alpha_u\geqslant\alpha_v,u\in[3,m],v\in[4,m-1]) \end{cases} \tag{5-4}$$

根据格里菲斯破坏准则[166],在现有裂隙尖端形成新的裂隙表面所需的拉应力 σ_{tn} 为:

$$\sigma_{tn} = \sqrt{\frac{2\gamma E_n}{\pi C}} \tag{5-5}$$

式中 γ——单位裂纹长度的表面能,J/m^2;

E_n——经过 n 天 CO_2 饱和后煤体的弹性模量,MPa;

C——裂纹长度的 $1/2$,m。

根据上述分析,当满足 $\sigma_s>\sigma_{tn}$ 时,煤体就会有新的裂隙产生,即

$$\sum_{i=1,j=1}^{m}\beta\Delta\alpha_{ij}\frac{abp}{1+bp} > \sqrt{\frac{2\gamma E_n}{\pi C}} \tag{5-6}$$

根据式(5-6)可知,饱和压力的增高会导致煤样产生的膨胀应力增大。Perera 等[100]的研究也得到了类似的结论。他们发现随着 CO_2 压力的增高,煤体吸附 CO_2 产生的膨胀量增大,并且煤样吸附超临界 CO_2 产生的膨胀量是次临界 CO_2 的 2 倍。

据损伤力学理论和 3.3 节的研究结果,经过 n 天饱和后的煤体弹性模量为:

$$E_n = (1-D)E_0 \tag{5-7}$$

式中 D——损伤变量;

E_0——初始弹性模量。

需要指出的是,D 是由一些参数确定的函数,如 CO_2 饱和压力、饱和时间和煤样自身参数等。当饱和时间增加时,损伤变量增大,煤体的弹性模量降低。将式(5-7)代入式(5-6)可得:

$$\sum_{i=1,j=1}^{m}\beta\Delta\alpha_{ij}\frac{abp}{1+bp} > \sqrt{\frac{2\gamma(1-D)E_0}{\pi C}} \tag{5-8}$$

由式(5-8)可知,当其他参数保持不变时,随着饱和时间的增加,在现有裂隙尖端形成新的裂隙表面所需的拉应力 σ_{tn} 逐渐减小,即式(5-8)右边项逐渐减小。这就导致裂隙的快速扩展,煤样强度减弱。本研究对不同压力 CO_2 饱和后煤样的强度测试也证实了这一理论分析。例如,当饱和条件为 3 MPa、6 MPa、9 MPa 和 12 MPa 的 CO_2 时,饱和后煤样的峰值强度降低到 13.16 MPa、11.87 MPa、8.31 MPa 和 7.82 MPa。而 He 对于煤样来说是非吸附性气体,因此煤样在经过 9 MPa 的 He 饱和后,其峰值强度与未饱和煤样相比仅仅减小了 2.06%。上述分析是对于裂纹扩展过程中孔裂隙动态萌生、扩展和连通的讨论,而煤体孔裂隙的原始分布同样会影响力学性能。

在煤化过程中,矿物组分生成并充填于煤体的孔隙和裂隙中[77]。当 CO_2 注入煤层后,会与地层水相结合而生成碳酸,从而降低孔隙流体的 pH 值,如式(5-9)所示:

$$CO_2+H_2O \Longleftrightarrow H_2CO_3 \Longleftrightarrow H^+ +HCO_3^- \qquad (5-9)$$

方解石、白云石、高岭石和伊利石是煤层中相对常见的碳酸盐类矿物和黏土类矿物。方程(5-10)至方程(5-13)列出了每种矿物在CO_2注入后可能发生的化学反应式：

$$方解石+6H^+ \Longleftrightarrow 2Ca^{2+}+HCO_3^- \qquad (5-10)$$

$$白云石+2H^+ \Longleftrightarrow Ca^{2+}+Mg^{2+}+2HCO_3^- \qquad (5-11)$$

$$高岭石+6^+ \Longleftrightarrow 5H_2O+2Al^{3+}+2SiO_{2(aq)} \qquad (5-12)$$

$$伊利石+8H^+ \Longleftrightarrow 0.6KI+ +0.25Mg^{2+}+2.5Al^{3+}+3.5SiO_{2(aq)}+5H_2O \quad (5-13)$$

由式(5-10)至式(5-13)可以看出，方解石、白云石、高岭石、伊利石在CO_2注入后可能被溶解。本书第1章X射线衍射实验结果也显示超临界CO_2饱和后某些矿物质的特征峰降低，这也验证了上述分析的正确性。通常矿物质充填于煤的孔裂隙系统，其被溶解后就可能导致孔裂隙的开度增大。Wen等[156]使用SEM比较了CO_2饱和前后煤样同一区域的孔裂隙开度变化(图5-10)，发现饱和后煤样的孔裂隙宽度增加了$20.16\%\sim120.69\%$，而CO_2对矿物的溶解被认为是造成上述实验现象的原因。

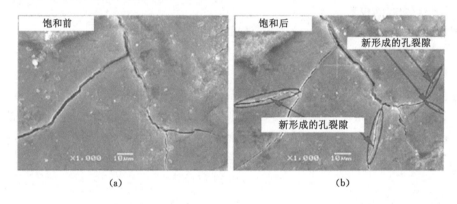

图5-10 煤样饱和前后孔裂隙开度变化[156]

此外，本书第1章的傅立叶红外光谱实验表明，超临界CO_2还是一种良好的有机溶剂，能够抽提一些填充在煤孔裂隙中的多环芳烃和脂肪烃。综上所述，在超临界CO_2饱和后，煤样的孔隙数量和尺寸增大。结合上述章节中对于裂纹扩展的分析可以发现，超临界CO_2饱和后煤样所处的应力环境发生改变，导致更多裂纹同时扩展，从而加快了裂纹贯通和形成宏观破裂面的速度，最终表现为煤样力学性能的劣化。

5.3 超临界CO_2作用下孔隙结构对煤体渗透特性的影响机理

煤是一种结构复杂的多孔介质，其渗透特性与孔隙结构密切相关[167-169]。本书第2章的压汞实验结果表明，超临界CO_2饱和后煤样的滞后环减小，煤样的孔裂隙网络更加发达，孔裂隙的连通性有了一定程度的提高。同时，超临界CO_2饱和后煤样的大孔孔体积比例也有不同程度的提高。例如，FX煤样在超临界CO_2饱和后，低温氮气吸附法、压汞法和低场核磁共振法的实验结果表明大孔孔体积比例分别增加了1.28%、2.01%和1.16%。前人的研究[170-172]表明，微孔和介孔主要提供了气体赋存的吸附空间，而大孔则提供了气体流动的渗流空间。饱和后煤样大孔孔体积比例的增加,显然更有利于煤储层中气体的运移。此外,煤样在超临界 CO_2 饱和后,分形维数均有不同程度的减小。这表明饱和后煤样孔隙表面的复杂度降低,从而在一定程度上减小了煤储层中气体运移的阻力。

前人的研究[56,71]表明,煤体的渗透率与孔隙率之间存在着三次方的关系:

$$\frac{k}{k_0} = \left(\frac{\varphi}{\varphi_0}\right)^3 \tag{5-14}$$

式中 k——煤储层渗透率,mD;

       k_0——煤储层初始渗透率,mD;

       φ——煤储层孔隙率,%;

       φ_0——煤储层初始孔隙率,%。

根据式(5-14)和上述分析,可以认为超临界 CO_2 在一定程度上能够提高煤储层的渗透率。然而本书第 4 章的实验结果却表明,超临界 CO_2 导致煤样渗透率显著降低。Zhang 等[29,53]、Du 等[173]、Meng 等[136]、Sampath 等[174]研究超临界 CO_2 饱和对于煤体孔隙结构的影响时,也认为超临界 CO_2 在一定程度上能够减小煤储层中气体运移的阻力,从而导致煤层的渗透率增大。然而,Perera 等[100,129]、Ranathunga 等[117]、Mosleh 等[175]、Zhang 等[176]研究超临界 CO_2 饱和对于煤体渗透率的影响时,得到的结论则与笔者一致。笔者认为造成上述差异的主要原因是测试过程中煤样是否处于原位条件:含气和应力环境。

从含气角度分析:压汞法、低温氮气吸附法、低场核磁共振法,在测定煤样的孔隙时,煤样吸附的超临界 CO_2 都必须解吸出来。例如,压汞法和低温氮气吸附法在测试前需要对煤样进行抽真空处理,低场核磁共振法要对煤样进行高压饱水,显然煤样在孔隙测试时已经处于非原位条件。前文分析指出,超临界 CO_2 对煤体的作用主要表现为吸附膨胀效应、萃取效应、溶蚀效应和分子重组效应,其中吸附膨胀效应会导致孔裂隙开度减小,而萃取效应、溶蚀效应和分子重组效应会导致孔裂隙开度增大。在进行孔隙测试实验时,煤样已经解吸超临界 CO_2,此时吸附膨胀恢复,而萃取效应、溶蚀效应和分子重组效应导致的孔隙改变并未受到解吸的影响。因此,孔隙测试结果表明,煤样的孔裂隙增大有利于气体的运移。对于渗透率实验,笔者开展的为含气实验(第 4 章渗透率测试阶段 2),即测试过程中煤样吸附的 CO_2 并未解吸出来,吸附膨胀仍然存在。此时煤层的渗透率是吸附膨胀效应、萃取效应、溶蚀效应和分子重组效应的综合作用结果,实验结果表明,吸附膨胀效应对煤体的渗透率影响最为明显,最终导致煤样渗透率的显著下降。

从应力环境角度分析:在开展孔隙测试实验时,煤样吸附超临界 CO_2 是在无外界应力的条件下进行的。前人的研究[177-181]表明,应力减小会导致气体扩散进入煤基质的速率加快,这就导致超临界 CO_2 分子能够在短时间内进入煤样的基质内部,其萃取效应、溶蚀效应和分子重组效应快速对煤体孔裂隙结构产生影响。而在开展渗透率实验时,煤样处在高应力(围压 8 MPa、12 MPa 和 16 MPa)条件下,CO_2 进入煤基质的速率减慢,其萃取效应、溶蚀效应和分子重组效应对孔隙结构产生影响需要更长的作用时间,这可能是本书第 4 章渗透率测定时阶段 4 与阶段 1 相比并未观察到渗透率增加的原因之一。

参 考 文 献

[1] 高飞,邓存宝,王雪峰,等.煤的化学结构及仪器分析方法[J].辽宁工程技术大学学报(自然科学版),2012,31(5):720-723.

[2] 王恬,桑树勋,刘世奇,等.$ScCO_2$-H_2O 作用下不同煤级煤化学结构变化的实验研究[J].煤田地质与勘探,2018,46(5):60-65.

[3] 刘世奇,王恬,杜艺,等.超临界 CO_2 对烟煤和无烟煤化学结构的影响[J].煤田地质与勘探,2018,46(5):19-25.

[4] 张开仲.构造煤微观结构精细定量表征及瓦斯分形输运特性研究[D].徐州:中国矿业大学,2020.

[5] KROOSS B M,VAN BERGEN F,GENSTERBLUM Y,et al.High-pressure methane and carbon dioxide adsorption on dry and moisture-equilibrated Pennsylvanian coals [J].International journal of coal geology,2002,51(2):69-92.

[6] GENSTERBLUM Y, VAN HEMERT P, BILLEMONT P, et al. European inter-laboratory comparison of high pressure CO_2 sorption isotherms.I:activated carbon[J].Carbon,2009,47(13):2958-2969.

[7] LU L,SAHAJWALLA V,KONG C,et al.Quantitative X-ray diffraction analysis and its application to various coals[J].Carbon,2001,39(12):1821-1833.

[8] 柳先锋.煤表面微结构特征与电磁辐射机理研究[D].北京:中国矿业大学(北京),2018.

[9] 李霞,曾凡桂,王威,等.低中煤级煤结构演化的 FTIR 表征[J].煤炭学报,2015,40(12):2900-2908.

[10] 宋昱.低中阶构造煤纳米孔及大分子结构演化机理[D].徐州:中国矿业大学,2019.

[11] 苏现波,司青,宋金星.煤的拉曼光谱特征[J].煤炭学报,2016,41(5):1197-1202.

[12] LARSEN J W, GUREVICH I, GLASS A S, et al. A method for counting the hydrogen-bond cross-links in coal[J].Energy and fuels,1996,10(6):1269-1272.

[13] JIANG J Y,YANG W H,CHENG Y P,et al.Molecular structure characterization of middle-high rank coal via XRD, Raman and FTIR spectroscopy:implications for coalification[J].Fuel,2019,239:559-572.

[14] SHI Q L, QIN B T, BI Q, et al. An experimental study on the effect of igneous intrusions on chemical structure and combustion characteristics of coal in Daxing mine,China[J].Fuel,2018,226:307-315.

[15] ZHANG G L,RANJITH P G,PERERA M S A,et al.Quantitative analysis of micro-structural changes in a bituminous coal after exposure to supercritical CO_2 and water [J].Natural resources research,2019,28(4):1639-1660.

[16] SAMPATH K H S M,RANJITH P G,PERERA M S A.A comprehensive review of structural alterations in CO_2-interacted coal:insights into CO_2 sequestration in coal [J].Energy and fuels,2020,34(11):13369-13383.

[17] GHAFOORI M,TABATABAEI-NEJAD S A,KHODAPANAH E.Modeling rock-fluid interactions due to CO_2 injection into sandstone and carbonate aquifer considering salt precipitation and chemical reactions[J].Journal of natural gas science and engineering,2017,37:523-538.

[18] ZHANG K Z,CHENG Y P,LI W,et al.Microcrystalline characterization and morphological structure of tectonic anthracite using XRD,liquid nitrogen adsorption, mercury porosimetry,and micro-CT[J].Energy and fuels,2019,33(11):10844-10851.

[19] 张代钧,鲜学福.煤结构的 X 射线分析[J].西安矿业学院学报,1990(3):42-49.

[20] 曲星武,王金城.煤的 X 射线分析[J].煤田地质与勘探,1980(2):33-40.

[21] 周贺,潘结南,李猛,等.不同变质变形煤微晶结构的 XRD 试验研究[J].河南理工大学学报(自然科学版),2019,38(1):26-35.

[22] MATTHEWS M J,PIMENTA M A,DRESSELHAUS G,et al.Origin of dispersive effects of the Raman D band in carbon materials[J].Physical review B,1999,59(10): 6585-6588.

[23] SADEZKY A,MUCKENHUBER H,GROTHE H,et al.Raman micro spectroscopy of soot and related carbonaceous materials:spectral analysis and structural information[J].Carbon,2005,43(8):1731-1742.

[24] 李霞,曾凡桂,王威,等.低中煤级煤结构演化的拉曼光谱表征[J].煤炭学报,2016, 41(9):2298-2304.

[25] LARSEN J W.The effects of dissolved CO_2 on coal structure and properties[J]. International journal of coal geology,2004,57(1):63-70.

[26] 王德明.煤氧化动力学理论及应用[M].北京:科学出版社,2012.

[27] PAINTER P C,SNYDER R W,STARSINIC M,et al.Concerning the application of FT-IR to the study of coal:a critical assessment of band assignments and the application of spectral analysis programs[J].Applied spectroscopy,1981,35(5): 475-485.

[28] 王恬.$ScCO_2$ 与煤中有机质作用及其孔隙结构响应的实验研究[D].徐州:中国矿业大学,2018.

[29] ZHANG K Z,CHENG Y P,LI W,et al.Influence of supercritical CO_2 on pore structure and functional groups of coal:implications for CO_2 sequestration[J].Journal of natural gas science and engineering,2017,40:288-298.

[30] GE Z L,ZENG M R,CHENG Y G,et al.Effects of supercritical CO_2 treatment temperature on functional groups and pore structure of coals[J].Sustainability,2019, 11(24):7180.

[31] WANG T,SANG S X,LIU S Q,et al.Study on the evolution of the chemical structure characteristics of high rank coals by simulating the $ScCO_2$-H_2O reaction

[J].Energy sources,part A:recovery,utilization,and environmental effects,2021,43(2):235-251.

[32] STAHL E,QUIRIN K W,BLAGROVE R J.Extraction of seed oils with supercritical carbon dioxide:effect on residual proteins[J].Journal of agricultural and food chemistry,1984,32(4):938-940.

[33] 吴世跃.煤层气与煤层耦合运动理论及其应用的研究[D].沈阳:东北大学,2006.

[34] 刘彦飞,汤达祯,许浩,等.基于核磁共振的煤岩孔裂隙应力变形特征[J].煤炭学报,2015,40(6):1415-1421.

[35] 秦勇,刘焕杰.高煤级煤开放孔隙结构的分布特征及差异演化[J].中国矿业大学学报,1992(9):8-16.

[36] 牟俊惠,程远平,刘辉辉.注水煤瓦斯放散特性的研究[J].采矿与安全工程学报,2012,29(5):746-749.

[37] ZOU Q L,LIU H,ZHANG Y J,et al.Rationality evaluation of production deployment of outburst-prone coal mines:a case study of Nantong coal mine in Chongqing,China[J].Safety science,2020,122:104515.

[38] ZHANG Y H,ZHANG Z K,SARMADIVALEH M,et al.Micro-scale fracturing mechanisms in coal induced by adsorption of supercritical CO_2[J].International journal of coal geology,2017,175:40-50.

[39] LIU S Q,SANG S X,MA J S,et al.Effects of supercritical CO_2 on micropores in bituminous and anthracite coal[J].Fuel,2019,242:96-108.

[40] SUN X X,YAO Y B,LIU D M,et al.Investigations of CO_2-water wettability of coal:NMR relaxation method[J].International journal of coal geology,2018,188:38-50.

[41] MANDELBROT B B,PASSOJA D E,PAULLAY A J.Fractal character of fracture surfaces of metals[J].Nature,1984,308:721-722.

[42] QIN L,ZHAI C,LIU S M,et al.Fractal dimensions of low rank coal subjected to liquid nitrogen freeze-thaw based on nuclear magnetic resonance applied for coalbed methane recovery[J].Powder technology,2018,325:11-20.

[43] YAO Y B,LIU D M,TANG D Z,et al.Fractal characterization of adsorption-pores of coals from north China:an investigation on CH_4 adsorption capacity of coals[J].International journal of coal geology,2008,73(1):27-42.

[44] BUSCH A,GENSTERBLUM Y.CBM and CO_2-ECBM related sorption processes in coal:a review[J].International journal of coal geology,2011,87(2):49-71.

[45] 桑树勋,朱炎铭,张时音,等.煤吸附气体的固气作用机理(Ⅰ):煤孔隙结构与固气作用[J].天然气工业,2005,25(1):13-15.

[46] 傅雪海,秦勇,薛秀谦,等.煤储层孔、裂隙系统分形研究[J].中国矿业大学学报,2001,30(3):225-228.

[47] 张慧.煤孔隙的成因类型及其研究[J].煤炭学报,2001,26(1):40-44.

[48] ZHOU J P,YANG K,TIAN S F,et al.CO_2-water-shale interaction induced shale microstructural alteration[J].Fuel,2020,263:116642.

[49] YAO Y B,LIU D M,CHE Y,et al.Petrophysical characterization of coals by low-field nuclear magnetic resonance (NMR)[J].Fuel,2010,89(7):1371-1380.

[50] BRUNAUER S,DEMING L S,DEMING W E,et al.On a theory of the van der waals adsorption of gases[J].Journal of the American chemical society,1940,62(7):1723-1732.

[51] SING K S W.Reporting physisorption data for gas/solid systems with special reference to the determination of surface area and porosity (recommendations 1984)[J].Pure and applied chemistry,1985,57(4):603-619.

[52] THOMMES M,KANEKO K,NEIMARK A V,et al.Physisorption of gases,with special reference to the evaluation of surface area and pore size distribution (IUPAC technical report)[J].Pure and applied chemistry,2015,87(9/10):1051-1069.

[53] ZHANG K Z,CHENG Y P,JIN K,et al.Effects of supercritical CO_2 fluids on pore morphology of coal:implications for CO_2 geological sequestration[J].Energy and fuels,2017,31(5):4731-4741.

[54] JIN K,CHENG Y P,LIU Q Q,et al.Experimental investigation of pore structure damage in pulverized coal:implications for methane adsorption and diffusion characteristics[J].Energy and fuels,2016,30(12):10383-10395.

[55] LI H J,CHANG Q H,GAO R,et al.Fractal characteristics and reactivity evolution of lignite during the upgrading process by supercritical CO_2 extraction[J].Applied energy,2018,225:559-569.

[56] WANG F,CHENG Y P,LU S Q,et al.Influence of coalification on the pore characteristics of middle-high rank coal[J].Energy and fuels,2014,28(9):5729-5736.

[57] WANG Z Y,CHENG Y P,ZHANG K Z,et al.Characteristics of microscopic pore structure and fractal dimension of bituminous coal by cyclic gas adsorption/desorption:an experimental study[J].Fuel,2018,232:495-505.

[58] HU B,CHENG Y P,HE X X,et al.New insights into the CH_4 adsorption capacity of coal based on microscopic pore properties[J].Fuel,2020,262:116675.

[59] ZHANG G L,RANJITH P G,WU B S,et al.Synchrotron X-ray tomographic characterization of microstructural evolution in coal due to supercritical CO_2 injection at in-situ conditions[J].Fuel,2019,255:115696.

[60] KOLAK J J,HACKLEY P C,RUPPERT L F,et al.Using ground and intact coal samples to evaluate hydrocarbon fate during supercritical CO_2 injection into coal beds:effects of particle size and coal moisture[J].Energy and fuels,2015,29(8):5187-5203.

[61] ZHANG D F,GU L L,LI S G,et al.Interactions of supercritical CO_2 with coal[J].Energy and fuels,2013,27(1):387-393.

[62] JIANG R X,YU H G.Interaction between sequestered supercritical CO_2 and minerals in deep coal seams[J].International journal of coal geology,2019,202:1-13.

[63] ZHENG S J,YAO Y B,LIU D M,et al.Nuclear magnetic resonance surface relaxivity

of coals[J].International journal of coal geology,2019,205:1-13.

[64] LI P P,ZHANG X D,ZHANG S.Structures and fractal characteristics of pores in low volatile bituminous deformed coals by low-temperature N_2 adsorption after different solvents treatments[J].Fuel,2018,224:661-675.

[65] WANG X L,CHENG Y P,ZHANG D M,et al.Influence of tectonic evolution on pore structure and fractal characteristics of coal by low pressure gas adsorption[J].Journal of natural gas science and engineering,2021,87:103788.

[66] NI G H,LI S,RAHMAN S,et al.Effect of nitric acid on the pore structure and fractal characteristics of coal based on the low-temperature nitrogen adsorption method[J]. Powder technology,2020,367:506-516.

[67] AVNIR D,JARONIEC M.An isotherm equation for adsorption on fractal surfaces of heterogeneous porous materials[J].Langmuir,1989,5(6):1431-1433.

[68] ZHU J F,LIU J Z,YANG Y M,et al.Fractal characteristics of pore structures in 13 coal specimens:relationship among fractal dimension,pore structure parameter,and slurry ability of coal[J].Fuel processing technology,2016,149:256-267.

[69] WANG Z Y,CHENG Y P,WANG L,et al.Characterization of pore structure and the gas diffusion properties of tectonic and intact coal:implications for lost gas calculation[J].Process safety and environmental protection,2020,135:12-21.

[70] GATHITU B B,CHEN W Y,MCCLURE M.Effects of coal interaction with supercritical CO_2:physical structure[J].Industrial and engineering chemistry research,2009,48(10):5024-5034.

[71] FRIESEN W I,MIKULA R J.Fractal dimensions of coal particles[J].Journal of colloid and interface science,1987,120(1):263-271.

[72] WASHBURN E W.The dynamics of capillary flow[J].Physical review,1921,17(3): 273-283.

[73] AVNIR D,FARIN D,PFEIFER P.A discussion of some aspects of surface fractality and of its determination[J].New journal of chemistry,1992,16(4):439-449.

[74] 运华云,赵文杰,刘兵开,等.利用 T_2 分布进行岩石孔隙结构研究[J].测井技术,2002, 26(1):18-21.

[75] 秦雷.液氮循环致裂煤体孔隙结构演化特征及增透机制研究[D].徐州:中国矿业大学,2018.

[76] YAO Y B,LIU D M,TANG D Z,et al.Fractal characterization of seepage-pores of coals from China:an investigation on permeability of coals[J].Computers and geosciences,2009,35(6):1159-1166.

[77] SAMPATH K H S M,PERERA M S A,RANJITH P G,et al.CO_2 interaction induced mechanical characteristics alterations in coal:a review[J].International journal of coal geology,2019,204:113-129.

[78] PAN J N,MENG Z P,HOU Q L,et al.Coal strength and Young's modulus related to coal rank,compressional velocity and maceral composition[J].Journal of structural

geology,2013,54:129-135.

[79] PERERA M S A,RANJITH P G,VIETE D R.Effects of gaseous and super-critical carbon dioxide saturation on the mechanical properties of bituminous coal from the southern Sydney basin[J].Applied energy,2013,110:73-81.

[80] 贾金龙.超临界 CO_2 注入无烟煤储层煤岩应力应变效应的实验模拟研究[D].徐州:中国矿业大学,2016.

[81] 张倍宁.超临界 CO_2 在不同阶煤层中的渗流规律及煤体变形特征研究[D].太原:太原理工大学,2019.

[82] 牛庆合.超临界 CO_2 注入无烟煤力学响应机理与可注性试验研究[D].徐州:中国矿业大学,2019.

[83] LU Y Y,CHEN X Y,TANG J R,et al.Relationship between pore structure and mechanical properties of shale on supercritical carbon dioxide saturation[J].Energy, 2019,172:270-285.

[84] PAN Z J,CONNELL L D.Modelling of anisotropic coal swelling and its impact on permeability behaviour for primary and enhanced coalbed methane recovery[J]. International journal of coal geology,2011,85(3-4):257-267.

[85] ZHAO Y,LIN B Q,LIU T,et al.Gas flow field evolution around hydraulic slotted borehole in anisotropic coal[J].Journal of natural gas science and engineering,2018, 58:189-200.

[86] LIU J S,CHEN Z W,ELSWORTH D,et al.Linking gas-sorption induced changes in coal permeability to directional strains through a modulus reduction ratio[J]. International journal of coal geology,2010,83(1):21-30.

[87] 成林,王赟,张玉贵,等.煤岩声波特征研究现状及展望[J].地球物理学进展,2013, 28(1):452-461.

[88] RANATHUNGA A S,PERERA M S A,RANJITH P G,et al.Super-critical CO_2 saturation-induced mechanical property alterations in low rank coal:an experimental study[J].The journal of supercritical fluids,2016,109:134-140.

[89] XU J Z,ZHAI C,LIU S M,et al.Investigation of temperature effects from LCO_2 with different cycle parameters on the coal pore variation based on infrared thermal imagery and low-field nuclear magnetic resonance[J].Fuel,2018,215:528-540.

[90] 张永民,蒙祖智,秦勇,等.松软煤层可控冲击波增透瓦斯抽采创新实践:以贵州水城矿区中井煤矿为例[J].煤炭学报,2019,44(8):2388-2400.

[91] 王倩倩.超临界二氧化碳流体对煤体理化性质及吸附性能的作用规律[D].昆明:昆明理工大学,2016.

[92] PSARRAS P,HOLMES R,VISHAL V,et al.Methane and CO_2 adsorption capacities of kerogen in the eagle ford shale from molecular simulation[J].Accounts of chemical research,2017,50(8):1818-1828.

[93] KARACAN C Ö.Heterogeneous sorption and swelling in a confined and stressed coal during CO_2 injection[J].Energy and fuels,2003,17(6):1595-1608.

[94] MCNALLY G H.Estimation of coal measures rock strength using sonic and neutron logs[J].Geoexploration,1987,24(4-5):381-395.

[95] KAHRAMAN S.Evaluation of simple methods for assessing the uniaxial compressive strength of rock[J].International journal of rock mechanics and mining sciences,2001,38(7):981-994.

[96] POULSEN B A,ADHIKARY D P.A numerical study of the scale effect in coal strength[J].International journal of rock mechanics and mining sciences,2013,63:62-71.

[97] QIN L,ZHAI C,LIU S M,et al.Failure mechanism of coal after cryogenic freezing with cyclic liquid nitrogen and its influences on coalbed methane exploitation[J].Energy and fuels,2016,30(10):8567-8578.

[98] 陈明义.煤-气-水耦合作用下低阶烟煤力学损伤及渗透率演化机制研究[D].徐州:中国矿业大学,2017.

[99] BAE J S,BHATIA S K.High-pressure adsorption of methane and carbon dioxide on coal[J].Energy and fuels,2006,20(6):2599-2607.

[100] PERERA M S A,RANJITH P G,CHOI S K,et al.The effects of sub-critical and super-critical carbon dioxide adsorption-induced coal matrix swelling on the permeability of naturally fractured black coal[J].Energy,2011,36(11):6442-6450.

[101] PAN Z J,CONNELL L D.A theoretical model for gas adsorption-induced coal swelling[J].International journal of coal geology,2007,69(4):243-252.

[102] SU E L,LIANG Y P,CHANG X Y,et al.Effects of cyclic saturation of supercritical CO_2 on the pore structures and mechanical properties of bituminous coal: an experimental study[J].Journal of CO_2 utilization,2020,40:101208.

[103] KENDALL J L,CANELAS D A,YOUNG J L,et al.Polymerizations in supercritical carbon dioxide[J].Chemical reviews,1999,99(2):543-564.

[104] KARACAN C Ö.Swelling-induced volumetric strains internal to a stressed coal associated with CO_2 sorption [J]. International journal of coal geology, 2007, 72(3-4):209-220.

[105] 殷宏.超临界 CO_2 与页岩相互作用机理的实验研究[D].重庆:重庆大学,2018.

[106] QIN L,ZHAI C,LIU S M,et al.Changes in the petrophysical properties of coal subjected to liquid nitrogen freeze-thaw:a nuclear magnetic resonance investigation [J].Fuel,2017,194:102-114.

[107] YAN F Z,XU J,PENG S J,et al.Breakdown process and fragmentation characteristics of anthracite subjected to high-voltage electrical pulses treatment[J].Fuel,2020,275:117926.

[108] KOLAK J J,BURRUSS R C.Geochemical investigation of the potential for mobilizing non-methane hydrocarbons during carbon dioxide storage in deep coal beds[J].Energy and fuels,2006,20(2):566-574.

[109] ZHANG K,SANG S X,LIU C J,et al.Experimental study the influences of

geochemical reaction on coal structure during the CO_2 geological storage in deep coal seam[J].Journal of petroleum science and engineering,2019,178:1006-1017.

[110] ZHANG X G,RANJITH P G,LU Y Y,et al.Experimental investigation of the influence of CO_2 and water adsorption on mechanics of coal under confining pressure [J].International journal of coal geology,2019,209:117-129.

[111] LI J J,HUANG J,NIU J G,et al.Mesoscopic study on axial compressive damage of steel fiber reinforced lightweight aggregate concrete[J].Construction and building materials,2019,196:14-25.

[112] HU Y,LIU F,HU Y Q,et al.Propagation characteristics of supercritical carbon dioxide induced fractures under true tri-axial stresses [J]. Energies, 2019, 12(22):4229.

[113] SAMPATH K H S M,PERERA M S A,ELSWORTH D,et al.Experimental investigation on the mechanical behavior of Victorian brown coal under brine saturation[J].Energy and fuels,2018,32(5):5799-5811.

[114] RANJITH P G,FOURAR M,PONG S F,et al.Characterisation of fractured rocks under uniaxial loading states[J].International journal of rock mechanics and mining sciences,2004,41:43-48.

[115] YIN H,ZHOU J P,XIAN X F,et al.Experimental study of the effects of sub- and super-critical CO_2 saturation on the mechanical characteristics of organic-rich shales [J].Energy,2017,132:84-95.

[116] PAN Z J,YE J P,ZHOU F B,et al.CO_2 storage in coal to enhance coalbed methane recovery:a review of field experiments in China[J].International geology review, 2017,60(5/6):754-776.

[117] RANATHUNGA A S,PERERA M S A,RANJITH P G,et al.Super-critical carbon dioxide flow behaviour in low rank coal:a meso-scale experimental study[J].Journal of CO_2 utilization,2017,20:1-13.

[118] REEVES S R.Enhanced CBM recovery,coalbed CO_2 sequestration assessed[J].Oil and gas journal, 2003,101(27):49-53.

[119] FUJIOKA M,YAMAGUCHI S,NAKO M.CO_2-ECBM field tests in the Ishikari coal basin of Japan[J].International journal of coal geology,2010,82(3/4):287-298.

[120] 桑树勋.二氧化碳地质存储与煤层气强化开发有效性研究述评[J].煤田地质与勘探, 2018,46(5):1-9.

[121] GODEC M,KOPERNA G,GALE J.CO_2-ECBM:a review of its status and global potential[J].Energy procedia,2014,63:5858-5869.

[122] CAI Y D,LIU D M,PAN Z J,et al.Pore structure and its impact on CH_4 adsorption capacity and flow capability of bituminous and subbituminous coals from northeast China[J].Fuel,2013,103:258-268.

[123] SANDER R,PAN Z J,CONNELL L D.Laboratory measurement of low permeability unconventional gas reservoir rocks:a review of experimental methods

[J].Journal of natural gas science and engineering,2017,37:248-279.

[124] JIANG C B,DUAN M K,YIN G Z,et al.Experimental study on seepage properties, AE characteristics and energy dissipation of coal under tiered cyclic loading[J]. Engineering geology,2017,221:114-123.

[125] LIU H H,MOU J H,CHENG Y P.Impact of pore structure on gas adsorption and diffusion dynamics for long-flame coal[J].Journal of natural gas science and engineering,2015,22:203-213.

[126] BRACE W F,WALSH J B,FRANGOS W T.Permeability of granite under high pressure[J].Journal of geophysical research,1968,73(6):2225-2236.

[127] 刘清泉.多重应力路径下双重孔隙煤体损伤扩容及渗透性演化机制与应用[D].徐州: 中国矿业大学,2015.

[128] HELLER R,VERMYLEN J,ZOBACK M.Experimental investigation of matrix permeability of gas shales[J].AAPG bulletin,2014,98(5):975-995.

[129] PERERA M S A,RANJITH P G,AIREY D W,et al.Sub- and super-critical carbon dioxide flow behavior in naturally fractured black coal:an experimental study[J]. Fuel,2011,90(11):3390-3397.

[130] MENG Y,LIU S M,LI Z P.Experimental study on sorption induced strain and permeability evolutions and their implications in the anthracite coalbed methane production[J].Journal of petroleum science and engineering,2018,164:515-522.

[131] PINI R,OTTIGER S,BURLINI L,et al.Role of adsorption and swelling on the dynamics of gas injection in coal[J].Journal of geophysical research (solid earth), 2009,114(B4):B04203.

[132] SU E L,LIANG Y P,LI L,et al.Laboratory study on changes in the pore structures and gas desorption properties of intact and tectonic coals after supercritical CO_2 treatment:implications for coalbed methane recovery [J]. Energies, 2018, 11(12):3419.

[133] SU E L,LIANG Y P,ZOU Q L,et al.Numerical analysis of permeability rebound and recovery during coalbed methane extraction:implications for CO_2 injection methods[J].Process safety and environmental protection,2021,149:93-104.

[134] PAN Z J,CONNELL L D.Modelling permeability for coal reservoirs:a review of analytical models and testing data[J].International journal of coal geology,2012,92: 1-44.

[135] 杜艺.ScCO_2注入煤层矿物地球化学及其储层结构响应的实验研究[D].徐州:中国矿 业大学,2018.

[136] MENG M,QIU Z S.Experiment study of mechanical properties and microstructures of bituminous coals influenced by supercritical carbon dioxide[J].Fuel,2018,219: 223-238.

[137] LI W,LIU Z D,SU E L,et al.Experimental investigation on the effects of supercritical carbon dioxide on coal permeability:implication for CO_2 injection

method[J].Energy and fuels,2019,33(1):503-512.

[138] HOL S,PEACH C J,SPIERS C J.Applied stress reduces the CO_2 sorption capacity of coal[J].International journal of coal geology,2011,85(1):128-142.

[139] MATHEWS J P,CHAFFEE A L.The molecular representations of coal:a review [J].Fuel,2012,96:1-14.

[140] 王凤,李光跃,李莹莹,等.煤化学结构模型研究进展及应用[J].洁净煤技术,2016,22(1):26-32.

[141] 姜波,秦勇,琚宜文,等.构造煤化学结构演化与瓦斯特性耦合机理[J].地学前缘,2009,16(2):262-271.

[142] LI Z,NI G H,WANG H,et al.Molecular structure characterization of lignite treated with ionic liquid via FTIR and XRD spectroscopy[J].Fuel,2020,272:117705.

[143] 崔馨,严煌,赵培涛.煤分子结构模型构建及分析方法综述[J].中国矿业大学学报,2019,48(4):704-717.

[144] MENG J Q,ZHONG R Q,LI S C,et al.Molecular model construction and study of gas adsorption of Zhaozhuang coal[J].Energy and fuels,2018,32(9):9727-9737.

[145] JING Z H,RODRIGUES S,STROUNINA E,et al.Use of FTIR,XPS,NMR to characterize oxidative effects of NaClO on coal molecular structures[J].International journal of coal geology,2019,201:1-13.

[146] VAN HEEK K H.Progress of coal science in the 20th century[J].Fuel,2000,79(1):1-26.

[147] CHEN Y Y,MASTALERZ M,SCHIMMELMANN A.Characterization of chemical functional groups in macerals across different coal ranks via micro-FTIR spectroscopy[J].International journal of coal geology,2012,104:22-33.

[148] YAO Y B,LIU D M,XIE S B.Quantitative characterization of methane adsorption on coal using a low-field NMR relaxation method[J].International journal of coal geology,2014,131:32-40.

[149] YAO Y B,LIU D M.Comparison of low-field NMR and mercury intrusion porosimetry in characterizing pore size distributions of coals[J].Fuel,2012,95:152-158.

[150] GUO H J,CHENG Y P,WANG L,et al.Experimental study on the effect of moisture on low-rank coal adsorption characteristics[J].Journal of natural gas science and engineering,2015,24:245-251.

[151] 郭海军.煤的双重孔隙结构等效特征及对其力学和渗透特性的影响机制[D].徐州:中国矿业大学,2017.

[152] 邓存宝,凡永鹏,张勋.煤层中封存 CO_2 的流-固-热耦合数值模拟研究[J].工程热物理学报,2019,40(12):2879-2886.

[153] 刘鹏.双重孔隙煤体瓦斯多尺度流动机理及数值模拟[D].北京:中国矿业大学(北京),2018.

[154] BAE J S,BHATIA S K,RUDOLPH V,et al.Pore accessibility of methane and

carbon dioxide in coals[J].Energy and fuels,2009,23(6):3319-3327.

[155] CHEN R,QIN Y,WEI C T,et al.Changes in pore structure of coal associated with Sc-CO₂ extraction during CO_2-ECBM[J].Applied sciences,2017,7(9):931.

[156] WEN H,LI Z B,DENG J,et al.Influence on coal pore structure during liquid CO_2-ECBM process for CO_2 utilization[J].Journal of CO_2 utilization,2017,21:543-552.

[157] 胡云华.高应力下花岗岩力学特性试验及本构模型研究[D].武汉:中国科学院研究生院(武汉岩土力学研究所),2008.

[158] 单联莹.不同温度煤块孔隙结构演变及对力学特性影响[D].武汉:华中科技大学,2019.

[159] 王栋.冲击荷载作用下煤的动态力学性能及微观孔隙结构特征研究[D].焦作:河南理工大学,2015.

[160] LIU S M,LI X L,LI Z H,et al.Energy distribution and fractal characterization of acoustic emission (AE) during coal deformation and fracturing[J].Measurement, 2019,136:122-131.

[161] LU Y Y,XU Z J,LI H L,et al.The influences of super-critical CO_2 saturation on tensile characteristics and failure modes of shales[J].Energy,2021,221:119824.

[162] 林柏泉,宋浩然,杨威,等.基于煤体各向异性的煤层瓦斯有效抽采区域研究[J].煤炭科学技术,2019,47(6):139-145.

[163] XU J Z,ZHAI C,RANJITH P G,et al.Petrological and ultrasonic velocity changes of coals caused by thermal cycling of liquid carbon dioxide in coalbed methane recovery[J].Fuel,2019,249:15-26.

[164] XU J Z,ZHAI C,LIU S M,et al.Feasibility investigation of cryogenic effect from liquid carbon dioxide multi cycle fracturing technology in coalbed methane recovery [J].Fuel,2017,206:371-380.

[165] GOODMAN A L,FAVORS R N,HILL M M,et al.Structure changes in Pittsburgh No. 8 coal caused by sorption of CO_2 gas[J]. Energy and fuels, 2005, 19 (4): 1759-1760.

[166] GRIFFITH A A.The phenomena of rupture and flow in solids[J].Philosophical transactions of the royal society of London series A, containing papers of a mathematical or physical character,1921,221:163-198.

[167] LIANG Y P,TAN Y T,WANG F K,et al.Improving permeability of coal seams by freeze-fracturing method:the characterization of pore structure changes under low-field NMR[J].Energy reports,2020,6:550-561.

[168] ZHAO Z,NI X M,CAO Y X,et al.Application of fractal theory to predict the coal permeability of multi-scale pores and fractures[J].Energy reports,2021,7:10-18.

[169] HOU X W,ZHU Y M,WANG Y,et al.Experimental study of the interplay between pore system and permeability using pore compressibility for high rank coal reservoirs[J].Fuel,2019,254:115712.

[170] ZHANG K Z,CHENG Y P,WANG L.Experimental study on the interactions of

supercritical CO_2 and H_2O with anthracite[J]. Energy sources, part A: recovery, utilization, and environmental effects, 2018, 40(2): 214-219.

[171] SONG Y, ZOU Q L, SU E L, et al. Changes in the microstructure of low-rank coal after supercritical CO_2 and water treatment[J]. Fuel, 2020, 279: 118493.

[172] SU E L, LIANG Y P, ZOU Q L. Structures and fractal characteristics of pores in long-flame coal after cyclical supercritical CO_2 treatment[J]. Fuel, 2021, 286: 119305.

[173] DU Y, SANG S X, PAN Z J, et al. Experimental study of supercritical CO_2-H_2O-coal interactions and the effect on coal permeability[J]. Fuel, 2019, 253: 369-382.

[174] SAMPATH K H S M, SIN I, PERERA M S A, et al. Effect of supercritical-CO_2 interaction time on the alterations in coal pore structure[J]. Journal of natural gas science and engineering, 2020, 76: 103214.

[175] MOSLEH M H, TURNER M, SEDIGHI M, et al. Carbon dioxide flow and interactions in a high rank coal: permeability evolution and reversibility of reactive processes[J]. International journal of greenhouse gas control, 2018, 70: 57-67.

[176] ZHANG X G, RANJITH P G, RANATHUNGA A S. Sub- and super-critical carbon dioxide flow variations in large high-rank coal specimen: an experimental study[J]. Energy, 2019, 181: 148-161.

[177] 刘正东. 高应力煤体物理结构演化特性对瓦斯运移影响机制研究[D]. 徐州: 中国矿业大学, 2020.

[178] LIU T, LIN B Q, FU X H, et al. Experimental study on gas diffusion dynamics in fractured coal: a better understanding of gas migration in in-situ coal seam[J]. Energy, 2020, 195: 117005.

[179] 刘厅. 深部裂隙煤体瓦斯抽采过程中的多场耦合机制及其工程响应[D]. 徐州: 中国矿业大学, 2019.

[180] LIU T, LIU S M, LIN B Q, et al. Stress response during in-situ gas depletion and its impact on permeability and stability of CBM reservoir[J]. Fuel, 2020, 266: 117083.

[181] LIU T, LIN B Q. Time-dependent dynamic diffusion processes in coal: model development and analysis[J]. International journal of heat and mass transfer, 2019, 134: 1-9.